WERNER SIEBERN



# TIPPS & TRICKS FÜR HUNDEFÜHRER

JAGDHUNDE AUSBILDEN, FÜHREN UND HALTEN

KOSMOS

# VORWORT

Es gibt unglaublich viele Hundebücher. Aber keines kann ein Buch für alle Hunde sein, denn jeder Vierbeiner hat seine eigene Persönlichkeit, und letztlich muss jeder Hund auf andere Weise angesprochen werden, damit er uns versteht und damit wir Zugang zu ihm haben. Nach meiner Erfahrung, und nur um die geht es in diesem Buch, das keinen Anspruch auf Vollständigkeit erhebt, gibt es jedoch allerhand Verhaltensweisen von Hunden schlechthin, mit denen sie auf unsere Aktionen reagieren. Dieses Buch soll beim Meistern von Alltagssituationen und beim Zusammenleben zwischen Mensch und Hund helfen. Darüber hinaus möchte ich hilfreiche Tipps für Erstlingsführer zum Bestehen der Brauchbarkeitsprüfung sowie für den Übergang von der Ausbildung zur Jagdpraxis geben. Es geht hier nicht um eine Anhäufung bereits bestehenden Wissens über das Wesen, die Ausbildung und die Haltung von Hunden, sondern nur um meine Erfahrungen. Als Berufsjägerlehrling in den frühen Siebzigern erlernte ich die Hundeausbildung nach der Parforce-Methode. Keine angenehme Aufgabe, weder für den Hund noch für mich. Später dann, als ich eigenverantwortlich ein Niederwildrevier betreute, merkte ich, dass es mehr gibt zwischen Mensch und Hund, als nur Chef und Unterordnung. Es war das Zusammenleben, das Vertrauen und Sympathien beidseitig entstehen ließ. So kam ich immer mehr zu der Überzeugung, meinen Verstand einzusetzen, um beim Hund meine Ziele zu erreichen. Damit war ich im Endeffekt erfolgreicher als mit der Zwangsmethode nach Schema F. Gleichwohl ließ sich ein gewisses Maß an Durchsetzungskraft nicht vermeiden, denn über meine Stellung als Rudelführer durften in keinem Moment Zweifel aufkommen. Schließlich war die Arbeit meiner Hunde Aushängeschild für meine Tätigkeit. Mein Ausbildungsvertrag erlaubte, jährlich einen Hund für Dritte ausbilden zu dürfen. Das ging zunächst ziemlich schief. Nicht wegen der Hunde, die ihre Arbeit auch in den Prüfungen super erledigten, sondern wegen der Besitzer, die mit dem neuen Jagdkameraden nicht zurechtkamen. So habe ich fortan die künftigen Hundeführer intensiv mit in die Hundeausbildung einbezogen, so dass diese immer wussten, wenn der Vierbeiner sich anders als erwartet verhielt, warum das so war, und wie es sich abstellen ließ. Kurzum, jeder Hund ist anders, jeder ist eine Persönlichkeit. Ein Hund kann unsere Sprache nicht erlernen. Sonst würde er uns Sachen sagen, über die wir uns ganz schön wundern würden. Deshalb müssen wir bereit sein, die Hundesprache zu erlernen. Es tut mir manchmal unendlich leid: Ich weiß genau, was mein Hund mir sagen möchte, durch Wedeln mit der Rute oder durch das Spitzen der Behänge, indem er meinen Unterarm in den Fang nimmt, oder durch Rennen zur Haustür oder zum Kühlschrank, aber es passt mir gerade nicht in den Kram. Ich denke dann manchmal, dass mein Hund glaubt, ich würde ihn nicht verstehen. In dem Fall ist meine Antwort immer ein scharfes „Aus“. Damit unterstreiche ich meine Dominanz und der Hund weiß Bescheid: Erstens, dass ich ihn verstanden habe, und zweitens, dass ich anderer Meinung bin. Vielen Menschen, die ihren Hund im Zwinger halten, entgeht einiges. Sie werden nie diese feste Bindung erreichen, die ein Hund ihnen entgegenbringen könnte. Dabei ist es für mich als Hundeführer erfreulich zu sehen, wie ein Hund als Familienmitglied Verhaltensweisen entwickelt, die auf seinen eigenen

Beobachtungen beruhen. In dem Fall kann er aus unserer Sprache oder aus unserem Verhalten bestimmte Pläne erkennen, die für ihn wichtig sind. Sage ich zu meiner Frau Beate: „Wir brauchen unbedingt noch Kaffee und Butter", dann rast Terrier Erle zur Haustür und will mit zum Einkaufen. Wenn ich morgens eine Lederhose trage, dann interessiert das keinen der Hunde. Trägt Beate eine Lederhose, so tickt die Meute aus, denn alle wissen, es geht heute zur Drückjagd. Folge: Beate frühstückt dann lieber im Morgenmantel, damit wir unsere Ruhe haben.

Wir Menschen widmen unseren Vierbeinern oft zu wenig Aufmerksamkeit. Aber die haben nichts anderes zu tun, als uns den ganzen Tag zu beobachten und ihre Schlüsse daraus zu ziehen. Da sage noch einer: „Hunde können nicht nachdenken." Fazit: Die meisten Jagdhunde haben wenig Jagdgelegenheit. Sie sind in erster Linie Begleithunde, egal ob zu Hause oder im Revier. In dieser Funktion sollten wir sie als Familienmitglieder ansehen. Wenn der Vierbeiner uns dann täglich zum Lachen bringt, hat sich auch unsere Lebensqualität deutlich verbessert.

Autor Werner Siebern führte unter anderem Schweißhunde.

# INHALT

**2 VORWORT**

**6 EIN WELPE ZIEHT EIN**
Tipps – zu Vorabüberlegungen, Welpenwahl und die Eingewöhnung

**30 HUNDEERZIEHUNG**
Tipps – für die Früherziehung und grundlegenden Gehorsam

**60 JAGDLICHE AUSBILDUNG**
Tipps – für die jagdliche Ausbildung des Hundes

**104 GESUNDHEIT UND PROBLEME**
Tipps – rund um Hundegesundheit und Probleme

**124 ALLERLEI FÜR DEN HUND**
Allerlei Tipps – praktisch für den Hundeführer

**138 SERVICE**
**140** Register
**144** Impressum & Bildnachweis

# EIN WELPE ZIEHT EIN

# TIPPS – ZU VORABÜBERLEGUNGEN, WELPENWAHL UND DIE EINGEWÖHNUNG

Nach reichlicher Überlegung kommt ein Welpe in den Jägerhaushalt. Ab jetzt beginnt eine spannende Zeit mit vielen neuen Eindrücken und zahlreichen bevorstehenden Aufgaben.

## 1 Braucht jeder Jäger einen Hund?

„Jagd ohne Hund ist Schund!“ Auch in Zeiten von Wärmebildkameras und Vorsatzgeräten an der Zieloptik hat sich an dieser Aussage nichts geändert. Nach wie vor werden Jagdhunde nicht nur zum Stöbern und für die Jagd auf Niederwild, sondern auch weiterhin für die Schweißarbeit benötigt. Überlegt jemand, der bisher noch keinen Hund hatte, ob er nach bestandener Jägerprüfung einen Jagdhund anschaffen soll, so hat sich die Frage bereits von selbst beantwortet. Will er einen Hund halten, um Jagdeinladungen zu bekommen? Will er als frisch gebackener Jagdpächter einen Hund besitzen, um dem Gesetz Genüge zu tun? Kauft er etwa einen ausgebildeten Hund, baut einen Zwinger für die Unterbringung, und nimmt den Vierbeiner nur zur Jagd heraus? Ein ehrlicher Hundehalter muss von Natur aus Hunde lieben – am besten von Kindesbeinen an. Besonders unsere Jagdhunde sind nicht nur Mittel zum Zweck. In erster Linie sind es Rudeltiere. Der Mensch ist für den Hund das Ersatzrudel. Bin ich bereit täglich, bei Sonne, Wind und Regen, mit meinem Hund rauszugehen? Will ich seine Ausbildung bezahlen, falls ich selbst nicht genug Erfahrung habe? Kann ich für Ausbildung und Training viel Zeit aufwenden, manchmal auch weitere Strecken fahren? Will ich mich weiterbilden und dazulernen, um meinen Hund fachgerecht zu führen? Will ich meinen Garten mit einem hohen Zaun umgeben, damit der Vierbeiner zusätzlichen Auslauf hat? Ist mein Hund wirklich in der ganzen Familie willkommen? Darf er täglich mit in meine Wohnung? Akzeptiere ich die Mehrarbeit dadurch, dass er im Haus jede Menge Haare verliert und auch sonst schon mal Schmutz macht? Bin ich bereit, bei Unfällen oder Erkrankungen des Hundes einige Tausend Euro auszugeben? Passt der Welpe in meine Familienplanung? Erst Baby, dann Hund, oder umgekehrt? Nehme ich meinen Hund mit in den Urlaub oder zahle ich für eine perfekte Unterbringung? Bin ich bereit nicht zu explodieren, wenn der Junghund Fernbedienungen und Handys als Kauknochen missbraucht hat? Manch einer mag passionierter Jäger sein, aber er wird dadurch nicht automatisch zum Hundeführer. Hundehaltung setzt nicht nur die Bereitschaft, sondern auch den Wunsch voraus, einen gehörigen Teil des eige-

Die Anschaffung eines Hundes sollte wohl überlegt sein!

nen Lebens mit dem Vierbeiner zu teilen. Wer das nicht möchte, sollte lieber anderen Jägern mit Hund die Möglichkeit geben, an jagdliche Einsätze zu kommen. Diese Gespanne profitieren dann durch mehr Erfahrung und bessere Erfolge.

## 2 Lieber keinen eigenen Hund?

Überlegt der frisch gebackene Jäger noch, so soll er sich bewusstwerden, dass es für den Hund in der überwiegenden Zeit des Jahres keine Arbeit gibt. Dennoch benötigt er täglich Aufgaben, Bewegung, Zuneigung und Pflege. Steht Zeit und Liebe dazu nicht zur Verfügung, so sollte jener Jäger oder Revierpächter auf die Hilfe passionierter Hundeführer zurückgreifen. Das ist keine Schande. Gute Hundeführer sind verschwiegen und hilfsbereit. Sie wollen nur für ihren Hund das Beste, denn mit jeder Arbeit wird der Hund erfahrener. Laut Gesetzgeber muss jeder Revierinhaber einen geprüften Jagdhund zur Verfügung haben, um Jagden durchführen zu dürfen, bei denen Nachsuchen anfallen können. Das gilt für Hoch- und auch für Niederwild. Das ist gut so. Aber nicht jeder Revierinhaber muss deshalb selbst einen Jagdhund halten. Nicht jeder Revierinhaber ist auch zum Hundehalter geeignet. Wie sagte einst der Prophet? „Viele fühlen sich berufen, doch nur wenige sind auserwählt." Mal ehrlich und Hand auf die Brust: Wie häufig kommen unsere Jagdhunde zum Einsatz? Viel zu selten!

## 3 Die Familie muss es wollen!

Kommt der Hund in eine Familie, so müssen alle Mitglieder einverstanden sein. Denn alle Familienmitglieder sind von der Anwesenheit des Hundes betroffen. Sie sollten die Ankunft eines Welpen nicht als Belastung, sondern als Glück betrachten. Dass ein Hund sein Leben im Zwinger fristet, darf nicht sein. Ein Hund gehört ins Familienleben. Er ist ein Rudeltier und muss als solches behandelt werden. Auch er hat nur ein Leben und er ist ein Mitgeschöpf, für das wir als Hundehalter Verantwortung tragen. Es gibt bereits zu viele Hunde, die einfach nur Pech hatten.

## 4 Zwei Welpen auf einmal

Wer das Glück hat, dem künftigen Vierbeiner ein optimales, artgerechtes Umfeld bieten zu können, für den lohnt die Überlegung, gleich zwei Welpen zu kaufen. Das hat den Vorteil, dass ein Hund nie allein ist. Zwei Hunde zu halten ist einfacher als nur einen. Allerdings genügt nicht allein das Umfeld, zum Beispiel ein großer Garten mit Zaun. Beide Hunde müssen erzogen und ausgebildet werden. Auch die Kosten verdoppeln sich zwangsläufig, das beginnt beim Futter und endet beim Tierarzt.

Wurfgeschwister aufzuziehen ist nicht nur einfach, es macht auch Riesenspaß!

## 5 Qual der Wahl: Jagdhunderasse

Ich kenne viele Jäger, die sich auf eine Hunderasse eingeschossen haben, weil sie einfach diesen Hundetyp lieben. Ziel sollte es jedoch sein, dass der künftige Begleiter möglichst viele Jagdgelegenheiten hat. Das liegt wiederum am Revier, also am Einsatzgebiet. Gibt es dort mehr Wald, Feld oder überwiegt die Jagd auf Wasserwild? Aber es liegt auch an der Ausbildung, die der künftige Jagdkumpel bekommt. In Niederwildrevieren sind vielseitige Jagdgebrauchshunde und

Es gibt eine große Vielfalt unter den Jagdhunderassen. Beide sollen für die Schweißarbeit eingesetzt werden.

Auch Deutsche Jagdterrier sind vielseitiger als gedacht, sind aber nichts für Erstlingsführer.

Erdhunde für die Bauarbeit die erste Wahl. Wer ein Hochwildrevier hat, braucht einen Hund für die Nachsuche oder zum Stöbern. Geeignet für Nachsuchen sind Hunde verschiedener Rassen, sofern sie die nötige Arbeitsruhe und bei Bedarf auch die nötige Wildschärfe mitbringen. Für die Stöberarbeit eignen sich Wachtel, Spaniel und Terrier. Terrier sollten möglichst von großer Statur sein, damit sie nicht gleich in jedem Fuchsbau verschwinden. Außerdem sollten die Größe und das zu erwartende Temperament des Vierbeiners den Möglichkeiten des Hundehalters angepasst sein.

## 6 Die Sache mit dem Terrier

Insbesondere durch ihren Übereifer sind Deutsche Jagdterrier ein Sonderfall. Die Haltung erfordert gute Nerven und viel Sachkenntnis: Schaffe dir einen Hund an und es verändert deine Gewohnheiten, schaffe dir einen Terrier an und es verändert dein Leben. Terrier gehören deshalb in die Hände von erfahrenen Hundeführern, die dem Hund ausreichende Jagdmöglichkeiten bieten können.

## 7 Sonderfall: Weimaraner

Eigentlich sind alle Jagdhundrassen, soweit deren Welpen fachgerecht, konsequent und liebevoll aufgezogen wurden, Menschen gegenüber niemals aggressiv, sondern meist anhänglich und verschmust. Selbst, wenn sie Wild- und Raubwildschärfe zeigen, ist das der Fall. Allerdings gibt es eine Ausnahme. Ein Gespräch mit dem Schadensachbearbeiter einer namhaften Jagdhaftpflichtversicherung brachte Klarheit: Die Weimaraner Vorstehhunde verursachen mit Abstand die meisten Haftpflicht-Versicherungsfälle unter den Jagdhunden. Bei der Zucht dieser altehrwürdigen Rasse legte man seinerzeit Wert auf Mannschärfe (Mann als Synonym für Mensch). Förster führten diese Hunde gern zur Selbstverteidigung, denn sie hatten nicht nur mit gewaltbereiten Wilderern zu tun, sondern auch mit aggressiven Holzdieben. Heutzutage wird bei der Auswahl der Zuchthunde dieser Rasse keine Mannschärfe mehr erwartet. Dennoch kann die unliebsame Eigenschaft bei einigen Hunden wieder auftauchen. Somit gehören Weimaraner in die Hände sehr erfahrener Hundeführer. Der zwischenzeitliche Mode-Boom, den diese Rasse bei Nichtjägern erlebte, tat der Zucht nichts Gutes.

Es gibt auch liebe Weimaraner! Trotzdem musste Marley aus Sicherheitsgründen verkauft werden, als in der Familie ein Baby erwartet wurde.

Auch ein Hund ohne Ahnentafel kann ein guter Jagdhelfer sein.

## 8 Hund ohne Ahnentafel?

Wenn man bedenkt, dass es für die Auswahl und den Einsatz als Rettungshund mehr auf die Leistung als auf die Ahnentafeln ankommt, so wirkt der Anspruch, für die Jagd nur reinrassige Hunde zu verwenden, sehr weit hergeholt. Rettungshunde helfen bei Lawinenunglücken, Erdbebenkatastrophen und der Suche nach vermissten Personen, kurz gesagt: Es geht um Menschenleben. Dass diese Hunde nach der Ausbildung vor ihrem Einsatz schwierige Prüfungen bestehen müssen, steht auf einem anderen Blatt Papier. Bei Rettungshunden zählt jedoch ausschließlich die Leistung, nicht die Abstammung! Zum Glück werden mittlerweile in den meisten Bundesländern Hunde zur Brauchbarkeitsprüfung zugelassen, auch wenn sie keine Papiere vom Jagdgebrauchshundeverband (JGHV) vorweisen können. Soweit ein Hund wesensfest und körperlich geeignet ist, kann er für die Jagd eingesetzt werden. Es wird jedoch erwartet, dass der Hund phänotypisch zumindest einer Jagdhunderasse ähnelt. Leider ist dennoch bei einigen Prüfungs- und Zuchtvereinen der Rasse-Gedanke immer noch fest verwurzelt. Von einem Prüfungsleiter erhielt ich die Ansage: „Ja, es sind in unserem Bundesland auch Hunde ohne JGHV-Papiere zur Brauchbarkeitsprüfung zugelassen. Aber wenn sich einer anmeldet, dann haben wir unser Limit an Teilnehmern bereits erreicht!" Zum Glück ist das nicht überall so. Es gibt auch Verbandsprüfer, die die gute Arbeit eines Hundes zu schätzen wissen.

## 9 Nur Spezialisten als Schweißhund?

Typische Hunderassen speziell für Nachsuchen sind der Hannoversche Schweißhund und der Bayrische Gebirgsschweißhund. Da diese Spezialisten nur in begrenzter Zahl zur Verfügung stehen, sollten sie von bestätigten Schweißhundführern gehalten werden, die ihnen auch genügend Einsätze bieten können. Denn auch diese Hunde leisten nicht automatisch gute Arbeit, sondern benötigen viel Training und Jagdgelegenheit, um Höchstleistungen zu erbringen. Der Verein Hirschmann vertrat lange die Auffassung, dass mit den Hannoverschen Schweißhunden nur Hochwild nachgesucht werden soll. Fakt ist, dass die Hunde bei der Ausbildung darauf vorbereitet werden, nicht eine Wildart, sondern ein Individuum zu suchen. Da jede Arbeit übt, und da beim Rehwild die meisten Nachsuchen anfallen, sollten auch diese kranken Stücke nachgesucht werden. Viele der Mitglieder im Verein Hirschmann machen das auch so.

## 10 Züchterwahl

Hat sich ein künftiger Hundeführer für eine Rasse entschieden, steht die Auswahl des Züchters an. Zucht bedeutet nicht nur, eine Hündin mit einem Rüden zu paaren und dann die Welpen

Die Welpen müssen absolutes Vertrauen zu Menschen haben, das macht den guten Züchter aus!

aufzuziehen, indem man ihnen Futter, Wurmkuren und Impfungen gibt. Die kleinen Vierbeiner benötigen tägliche Zuneigung und Spiel mit Menschen. Die Sozialisierungsphase in den ersten zwölf Lebenswochen ist durch nichts zu ersetzen. Grundsätzlich ist die Prägung durch menschliche Zuwendung wichtiger als eine super Abstammung von prämierten Eltern. Schließlich sind gute Prüfungsergebnisse oft Folge hervorragender Ausbildung und haben mit den Erbanlagen einer Zuchtlinie nicht unbedingt zu tun. Wie oft hörte ich von erfolgreichen Züchtern auf Anlageprüfungen, nachdem sie den Suchensieg eingefahren hatten: „Oh, ich hatte gar keine Zeit, den Hund auf die Prüfung vorzubereiten!“ Damit wollten sie den züchterischen Wert des Prüflings unterstreichen. Ich wusste jedoch genau, dass die Erfolgreichen seit Monaten täglich mit dem Hund trainiert hatten. Fast immer ist der künftige Hundebesitzer gut beraten, einen Welpen aus einer Familienzucht zu kaufen, von einem Züchter, der seine ganze Familie in die Aufzucht der Welpen einbezieht. Auch wenn er dieses wunderbare Erlebnis nur einmalig plant. Erstlingszüchter geben sich in der Regel enorm viel Mühe und wollen alles richtig machen. Bei Massenzuchtbetrieben, also solchen, die mehrere Würfe gleichzeitig haben und womöglich auch noch mehrere Rassen gleichzeitig vermehren, sollte Vorsicht geboten sein. Auch hier kann alles in Ordnung sein, jedoch sollte Kontakt zu früheren Hundekäufern aufgenommen werden, um eine Bewertung zu bekommen.

## 11 Kriterien für die Auswahl des Züchters

Hat sich der Züchter auf eine Rasse spezialisiert? Hat er höchstens zwei Zuchthündinnen? Darf ich den Züchter zu Hause besuchen und die Hündin kennenlernen? Spielt der Züchter jeden Tag mit den Welpen und prägt sie auf Menschen, geht er mit ihnen schon mal ans Wasser und in die Natur? Ist er bereit, mir Einzelheiten zu seiner Zucht zu erklären, insbesondere was die Gesundheit der bisher gezüchteten Welpen angeht? Verlangt er im Kaufvertrag ein Vorkaufsrecht für den Welpen? Erkundigt er sich nach meinen Möglichkeiten und Erfahrungen bei der Hundehaltung? Will er wissen, ob ich bereit bin, den Hund in Prüfungen zu führen, und auch Vorsorgeuntersuchungen vornehmen zu lassen, die helfen sollen, Erbkrankheiten zu erkennen und künftig verhindern? Wird er mir auch nach dem Kauf mit Rat und Tat zur Seite stehen? Alle diese Fragen sollten mit „ja“ beantwortet werden. Dann habe ich den Züchter meines Vertrauens gefunden – und bin sogar bereit, noch eine Zeit lang auf den nächsten Wurf zu warten. In diesem Fall muss ich es mir wirklich gefallen lassen, dass der Züchter mir Löcher in den Bauch fragt – und unter Umständen sogar einen Besuch bei mir zu Hause machen möchte, um zu sehen, wo der Welpe sein Leben verbringen soll. Dann habe ich wirklich den Züchter gefunden, dem es nicht ums Geld geht, sondern dem das Wohl der Hunde und weidgerechtes Jagen, als Dienst am Wild, am Herzen liegen. Nicht nur ich suche den Züchter aus. Der verantwortungsvolle Züchter stellt auch hohe Anforderungen an die Welpenkäufer.

## 12 Verhaltenskrüppel?

Während meiner früheren Dienstzeit im Münsterland lernte ich einen Jäger kennen, der mit viel Sachverstand und Liebe eine Labradorzucht betrieb. Die Prüfungsergebnisse belegten die Erfolge, denn einige seiner Welpen bildete er selbst aus und führte sie in Prüfungen. Während seine Zuchthündin bereits tragend war, bekam der Züchter psychische Probleme, so extrem, dass er längere Zeit stationär behandelt werden musste.

Bekannte kümmerten sich um die Hündin. Durch Zeitmangel blieb es jedoch bei der Aufzucht der Welpen entsprechend der physischen Notwendigkeiten. Den Welpen wurde kein Leid angetan, jedoch auch keine Zuneigung geschenkt. Das Ende der Geschichte war, dass die Hunde aus diesem Wurf Verhaltenskrüppel waren. Eine Ausbildung zum Jagdhund konnte nicht stattfinden, da diese Junghunde ängstlich und scheu waren. Dank der Liebe und Zuneigung, die einige Familien den Hunden entgegenbrachten, konnten auch sie alt werden. Aber ihr Verhalten blieb ein Leben lang autistisch. Streicheleinheiten waren Stress und die Liebe konnten sie nicht zurückgeben.

Der letzte Hund des Wurfes wird abgeholt: hier Abschied und Begrüßung gleichzeitig.

## 13 Welpenkauf, keine freie Auswahl?

Glücklich jener, der vom Züchter einen Hund zugeteilt bekommt. Er hat sie nicht, die Qual der Wahl. Gemeinsam mit meiner Ehefrau Beate wollte ich einen Parson Russel Terrier erwerben. Die erste Wahl fiel auf einen Züchter im Kreis der Jagdfreunde, den wir schon seit längerer Zeit kannten und schätzten. Bei der Auswahl des Welpen legte ich Wert auf einen brauchbaren Jagdkumpel, Beate wollte einen struppigen Hund mit Bart und verschiedenen Farben. Jedoch in einem Punkt waren wir uns einig, ein Rüde sollte es werden. Geduldig warteten wir die Tragzeit der Hündin ab. Wir bekamen als erste die Nachricht vom Wurf, aber es hatte nicht sein sollen: Die drei gefallenen Rüden waren durchweg schneeweiß und glatthaarig. Da ein Welpe in der ganzen Familie willkommen sein muss, gab uns der Züchter weitere Adressen. Unweit von Flensburg wurden wir fündig. Ein herrlicher Wurf Parson Russel Welpen, durchweg struppig und mehrfarbig. Beate suchte sofort einen Hund per Foto aus. Der Züchter entgegnete: „Ein Jagdhund kennt keine Farbe! Was soll er bei euch machen? Bauarbeit?" „Äh – nein, eher Stöbern oder Schweiß." „Dann kriegt ihr den größten!" Als wir die Reise quer durch die Republik hinter uns gebracht hatten, um den Welpen abzuholen, war die Freude groß. Der kräftigste Welpe war ausgerechnet jener, den Beate auf dem Foto auserkoren hatte, und damit nicht genug, der kleine Filou kam sofort auf Beate zugerannt. Besser konnte es nicht laufen. Filou bringt uns täglich zum Lachen und im Revier hat er sich auch schon bestens bewährt.

## 14 Rüde oder Hündin?

In seltenen Fällen kann es sein, dass ein Wurf nur aus Hündinnen oder nur aus Rüden besteht. Meist sind beide Geschlechter vertreten und die Frage lautet: Rüde oder Hündin? Man kann sagen, dass die jagdliche Eignung bei beiden Geschlechtern vorhanden ist. Viele Welpenkäufer wollen keinen Rüden, weil diese angeblich an jeden Türrahmen, jeden Hauseingang, jede Laterne und jeden Strauch nässen. Rüden wollen gern bei jeder Gelegenheit markieren. Jedoch geht es bei

Rüden sollen im Allgemeinen etwas schwieriger in der Führung sein.

der Hundeerziehung nicht darum, was der Hund will. Man kann es einem Rüden durchaus abgewöhnen, überall hin zu pinkeln. Für den Erstlingsführer mag jedoch eine Hündin im Durchschnitt empfehlenswerter sein. Meistens sind Hündinnen etwas leichter zu handhaben als Rüden.

## 15 Problem: Kopfhund?

Als Kopfhund bezeichnet man Vierläufer, die gegenüber der Familie und speziell in Bezug auf den Hundeführer das Sagen haben. Das wirkt sich in der Praxis etwa so aus, dass ein Kopfhund nicht bereit ist, seinem Hundeführer die Beute zu überlassen. In einem Wolfsrudel ordnet man dieses Verhalten dem Alphatier zu. Manch künftiger Hundeführer fürchtet sich davor, dass ein Rüde zu einem dominanten Kopfhund wird. Nun, dazu gehören immer zwei – einer, der es werden will und einer, der sich das gefallen lässt. Kopfhunde werden nicht geboren, sondern durch fehlende Erziehung dazu gemacht. Das trifft übrigens auch auf Hündinnen zu. Freilich gibt es Unterschiede. Die einen Hunde neigen mehr zur Aufmüpfigkeit als die anderen. Fest steht jedoch, dass jeder Hund, nach seinen Möglichkeiten, ein Leben lang versucht, in der Hierarchie aufzusteigen. Durch Antidominanztraining kann dem entgegengewirkt werden. Ein wichtiger Satz zieht sich durch die gesamte Hundeerziehung: Wir geben dem Hund alles was er braucht, aber nicht was er will.

## 16 Beim Welpenkauf die erste Wahl

Wenn ich schon lange auf den Wurf warten musste, dann habe ich vielleicht das Glück, als erster einen Welpen aussuchen zu dürfen. Da möchte man schon dieses oder jenes testen. Manch ein Hundekäufer fürchtet, dass der Hund schussempfindlich sein könnte. Es macht wenig Sinn, die Welpen durch laute Geräusche zu erschrecken, um die Nervenstärksten zu identifizieren. Fast immer entwickelt sich eine Schussempfindlichkeit erst nach der Pubertät. Wenn der Junghund bereits vorher positive Erfahrungen mit dem Schussknall machen kann, so entsteht die Schussempfindlichkeit oder Schussscheue erst gar nicht. Um den Welpen zu identifizieren, der zu mir passt, muss ich schon einige Stunden investieren. Ein einziger Besuch bei der Hundefamilie wird nicht ausreichen. Ab dem Alter von sechs Wochen lohnt es, möglichst oft bei den Welpen zu sein und Kontakt aufzunehmen. Bei nur einem Besuch kann es sein, dass ich von dem dicken Rüden, der nur in der Kiste liegt, während die anderen spielen, einen falschen Eindruck gewonnen habe. Vielleicht hatte er sich schlicht und einfach nur etwas überfressen? Durch häufige Besuche lerne ich selbst, die Kleinen auseinanderzuhalten. Den Wurf bei der Fütterung zu erleben, beim Spiel untereinander zu beobachten und einfach dabei zu sein, ist wichtig für meine Wahl. Mit der Dressurangel kann ich erkennen, welcher Welpe ein Draufgänger ist,

Die erste Wahl beim Welpenkauf ist kein leichtes Unterfangen.

sich in das Plüschtier verbeißt und nicht mehr loslässt. Will ich einen Hund, der sich gegen seine Geschwister durchsetzt? Dann muss ich damit rechnen, dass er das auch bei mir versucht. Oder nehme ich lieber den Besonnenen, der auf seine Chance wartet und sich nicht auf Kämpfe mit den Geschwistern einlässt? All das erkenne ich nur, wenn ich möglichst viel Zeit bei und mit den Welpen verbringe. Aber: Selbst der geduldigste Züchter könnte überstrapaziert werden, wenn ich es übertreibe. Also: Immer Termine absprechen! Beim Fressen sollte der Welpe der Wahl einen guten Appetit zeigen! Nur verfressene Welpen werden gute Jagdhunde. Der Drang zum Futter lässt für später gute Leistung erwarten. Vor allem bei Hunden, die Schweißarbeit machen sollen, ist das eine wichtige Voraussetzung. Bei Welpen, die unter Appetitlosigkeit leiden, sollte Vorsicht und Zurückhaltung geboten sein. Mehrere Besuche haben zur Folge, dass ich einen der Welpen häufiger im Auge habe, ihn häufiger im Arm wiege und ihn immer wieder mit seinem Namen anspreche. Meistens wird es dann eine Sympathie auf Gegenseitigkeit, die sich im Laufe der Zeit entwickelt. Schon bald freue ich mich auf meinen künftigen Welpen und bin glücklich, wenn ich von ihm erkannt und freudig begrüßt werde. Die Eingewöhnung im neuen Heim wird kein großes Problem werden, da der Welpe mich bereits kennt. Wenn

Eine Sauschwarte macht es oft auch nicht leichter, den richtigen Welpen auszuwählen.

auch sonst alles in Ordnung ist – Zähne perfekt, Fell glänzend, Weidloch immer sauber – dann steht der künftigen Lebensgemeinschaft eigentlich nichts mehr im Weg.

## 17 Ab welchem Alter sollte der Züchter Welpen abgeben?

Es gilt als gesicherte Erfahrung, dass Hunde kleiner Rassen frühreif sind. Teckel und Terrier also könnten bereits mit acht bis neun Wochen abgegeben werden, ohne seelischen Schaden zu nehmen. Große Vorstehhunde und Retriever sollten 12 bis 14 Wochen bei der Hündin bleiben.

## 18 Am Anfang nie allein!

Hat man den vierbeinigen Mitbewohner vom Züchter abgeholt, sollte er in der ersten Zeit keinesfalls allein sein. Ideal ist es, wenn ein Familienmitglied sich für die ersten drei Wochen im neuen Zuhause Urlaub nimmt.

## 19 Transport ins neue Heim

Fast immer wird der Welpe mit dem Auto abgeholt. Man sollte das nicht allein tun. Einer fährt und einer kümmert sich im Fond des Wagens um den Welpen. Möglicherweise hat der Züchter die Welpen noch nie im Auto transportiert. Er sollte das eigentlich bereits getan haben. Das wäre von Vorteil, denn wenn der ganze Wurf bei den ersten Autofahrten zusammen ist, so gilt das Motto: Geteiltes Leid ist halbes Leid. Als Züchter sollte man mit dem Wurf beispielsweise auch an flache Gewässer fahren, damit die Kleinen schon mal nasse Pfoten bekommen. Sollte sich der Welpe bei der Heimfahrt übergeben müssen, so sollte man vorbereitet sein. Decke und Ersatzdecke sowie eine komplette Küchenrolle sind im Optimalfall griffbereit. Ist der Weg weit, müssen auch eine Schale und Trinkwasser mit dabei sein. Ideal ist es, wenn der Welpe auf dem Schoß sitzen darf und während der Fahrt beschmust wird. Vor dem Gesetz gilt ein Hund jedoch beim Transport als Gepäckstück, welches gesichert werden muss. Er sollte daher ein Brustgeschirr tragen, das mit einer kurzen Leine gesichert wird.

In der Anfangszeit sollte der Welpe nicht allein im neuen Heim bleiben.

## 20 Stündliche Pausen

Für einen Welpen ist es ein massiver Einschnitt in seinem Leben, plötzlich von den Wurfgeschwistern getrennt zu sein, um dann im Auto vielleicht mehrere hundert Kilometer zurückzulegen. Dabei fallen die Reaktionen der Welpen sehr unterschiedlich aus. Als wir die Parson Russel Terrier Hündin Bitch (Name englisch, bedeutet Hündin) aus Aerzen bei Hameln abholten, konnten wir was erleben: Es war ein heißer Sommertag, keine Klimaanlage im Auto. Bei der Auswahl der Hündin hatte ich meine eigenen Kriterien angelegt. Beate verliebte sich gleich in einen hübschen, dreifarbigen Rüden. Als ich aber sah, wie eine kleine Hündin ihre Brüder verprügelte, sagte ich zu meiner Frau: „Liebe Hunde hatten wir genug, ich will jetzt mal einen Draufgänger!" Und das war Bitchi. Der kleine Wirbelwind war sehr aufgeregt und kam während der Fahrt einfach nicht zur Ruhe. Sie hüpfte hin und her und ich hatte meine Mühe mit ihr. Da Beate das Auto lenkte, war aber alles machbar. Schließlich kletterte Bitchi auf meine Schulter und legte sich, in Höhe Kopfstütze, hufeisenförmig um meinen Nacken. Endlich hatte sie ihre Position gefunden und beruhigte sich. In der Folge durfte ich mich nicht bewegen. Es wurde immer wärmer im Auto. Wir hatten auch unsere anderen Hunde mit dabei. Labrador-Mix Djinga und Teckeldame Rapunzel, genannt Räppi, lagen hechelnd hinterm Hundegitter auf der Ladefläche. Wir kamen schließlich an einem Stausee vorbei und beschlossen, wegen der Hitze eine Pause einzulegen. Nach mehreren hundert Metern Fußmarsch erreichten wir das Gewässer und Bitchi sprang, als hätte sie nie etwas anderes gemacht, zusammen mit den anderen Hunden ins Wasser. An jener Stelle mündete ein Rohr in den See, mit etwa 40 Zentimetern Durchmesser. Wasser floss auf halber Höhe aus dem Rohr, und ich machte mir weiter keine Gedanken bis die Kleine einfach in das Rohr schwamm. Beate schrie auf: „Werner, mach was!" Ich winkte dem Welpen nur nach und sagte: „700 Euro – ade." Dreißig Meter weiter in Richtung Straße sah ich eine tiefe Rinne in der Landschaft. Ich lief hin und siehe da – hier kam ein Wassergraben an, der in das Rohr mündete. Kaum hatte ich die Stelle entdeckt, da kam sie auch schon angeschwommen, die kleine Bitchi. Dreißig Meter gegen den Strom und durch das dunkle Rohr. Glücklich konnte ich sie aus dem Graben bergen. Beates Kommentar: „Wie war das, du wolltest doch einen Draufgänger!" Die letzten hundert Kilometer verliefen dann ohne weitere Zwischenfälle.

Der Abtransport ist für den Welpen ein einschneidendes Erlebnis. Körperkontakt ist Pflicht!

## 21 Start daheim

Zuhause gibt es erst mal einen Spaziergang. Zunächst ohne Leine, stattdessen sind jedoch kleine Leckerlis dabei. Für den Welpen sind wir zwar neue Menschen, aber das ist für ihn besser als nichts. Er läuft auf keinen Fall davon, sondern bleibt ganz in der Nähe. Da der kleine Hund an diesem Tag schon genug Stress hatte, wählen wir einen ruhigen Ort für den Spaziergang aus. Es sollten keine Fahrzeuge vorbeisausen und es sollten auch keine fremden Hunde entgegenkommen. Notfalls liegt dieser ruhige Ort etwas weiter entfernt vom Heim. Dann tragen oder fahren wir den Welpen auf dem letzten Wegstück.

## 22 Welpenfutter

Am besten bekommen wir für den Welpen eine Packung des Futters mit, welches er bisher bekommen hat. Eine Umstellung sollte nicht zu schnell erfolgen, sondern erst nach etwa einem halben Jahr. Bis dahin gibt es Welpenfutter, danach Juniorfutter. Nach Größe der Rasse wählen wir auch die Größe der Pellets. Die Verträglichkeit erkennen wir anhand der täglichen Losung. Sie sollte fest und keinesfalls breiig sein.

Im Optimalfall behält der neue Hundehalter das gewohnte Welpenfutter erstmal bei.

Für seine Entwicklung braucht ein Welpe relativ viel Futter. Das ist mit einer oder zwei Mahlzeiten an einem Tag nicht zu schaffen. Wenigstens dreimal täglich muss der Kleine sein Fressen erhalten.

## 23 Stubenreinheit

Der Welpe soll natürlich nicht nur Jagd- sondern auch Familienhund werden. Grundbedingung dafür ist Stubenreinheit. Grundsätzlich ist es so, dass Rudeltiere von Natur aus bereits zur Stubenreinheit neigen. Dennoch müssen sie die Feinheiten erst lernen. Bei Welpen klappt das am besten durch Gewohnheit. Eine Voraussetzung, welche die Erziehung zur Stubenreinheit sehr erleichtert, ist ein eingezäunter Garten. Nach jeder Mahlzeit muss der Welpe sofort hinaus. Am Anfang werden wir ihn nach draußen tragen, ein paar Tage später wird er bereits selbst folgen. Hier wird geduldig abgewartet, bis er sich gelöst oder genässt hat. In den Zeiten dazwischen sollte auch nicht abgewartet werden, bis der Welpe einen Haufen auf den Teppich gesetzt hat, um ihn dann zu bestrafen. Der Kleine muss nach draußen, sobald er unruhig wird. Das äußert sich meist so, dass er den Fußboden an verschiedenen Stellen intensiv beschnuppert, um den geeigneten Platz für sein Geschäft zu finden. Auch gleich nach dem Schlafen drückt die Blase. Ein kleiner Hund schläft viel. Wenn er dann aufwacht, muss er sofort raus. Bevor wir als Hundeführer selbst unser Nachtlager aufsuchen, lassen wir den Welpen noch mal raus. In der ersten Nacht allein sein – das geht gar nicht! Der kleine Hund schläft in einer Kiste, die etwa für seine Körpergröße angepasst ist. Die Kiste steht neben unserem Bett und bei Bedarf kann die Hand heruntergelassen werden und den Welpen berühren. Der Welpe würde sich nur auf das eigene Nachtlager erleichtern, wenn es gar nicht mehr anders geht. Zuvor wird er unruhig und meldet sich. Nun heißt es aufstehen und den Hund nach draußen bringen. Das geht so etwa drei Nächte lang. Ab dann ist der Welpe durch Gewohnheit soweit eingestellt, dass er die Nacht durchschläft. Wenn es soweit ist, kann die Kiste jede Nacht etwas weiter weggestellt werden. Es genügt dem Welpen dann schon, wenn er unsere Anwesenheit mit der Nase wahrnimmt.

## 24 Essig-Essenz stinkt dem Hund

Sollte der Welpe dennoch mal unbemerkt von uns einen Haufen oder eine Pfütze in die Wohnung gesetzt haben, entfernen wir das Corpus Delicti kommentarlos und unauffällig. Allerdings versehen wir den Tatort anschließend mit Essig-Essenz. Falls der Vierbeiner dahin zurückkehrt, und das tut er mit Sicherheit, so soll er nicht noch mit einer wohlriechenden Markierung seiner selbst belohnt werden.

Mit der Essenz wird der Ort des Geschäfts verstänkert.

## 25 Alles muss raus!

Falls wir den Hund auf frischer Tat ertappen, lassen wir einen lauten Schrei los, der eindeutig unser Missfallen ausdrückt. Auch wenn er noch nicht fertig ist, packen wir den Welpen mit einer Hand im Nackenfell, mit der anderen Hand und Küchenrolle nehmen wir seine Hinterlassenschaft mit, und bringen beide nach draußen.

## 26 Vorsicht bei Besuch mit Hund

Hundefreunde, welche die eigenen Hunde in ihrer Wohnung halten, würden Gästen immer erlauben, ihren Hund mitzubringen. Allerdings sollten Gastgeber darauf achten, dass der Gasthund nicht frei herumlaufen darf, denn die Gefahr ist sehr groß, dass er den Stammhunden zur Erinnerung eine Markierung hinterlassen will. Das ist keine fehlende Stubenreinheit, sondern ganz anders begründet. Nicht nur Rüden, auch Hündinnen hinterlassen gern eine solche Duftnote im fremden Heim.

## 27 Wie bestrafe ich einen Welpen?

Auf keinen Fall mit der Hand schlagen! Die Methode der Wahl ist ein Griff ins Nackenfell – abgeschaut in der Natur. Eine Mutter-Hündin macht es genauso! Dieser Griff, der nicht weh tut, löst normalerweise Unterwürfigkeit beim Welpen aus, und das muss ab und zu auch mal sein. Die Maßregelung darf nur unmittelbar erfolgen, also genau in dem Moment, wenn das für uns erkannte Fehlverhalten erfolgt. Sind wir in diesem Moment zu weit entfernt, um körperlich einwirken zu können, lassen wir einen lauten Schrei los. Der lässt den Welpen zusammenzu-

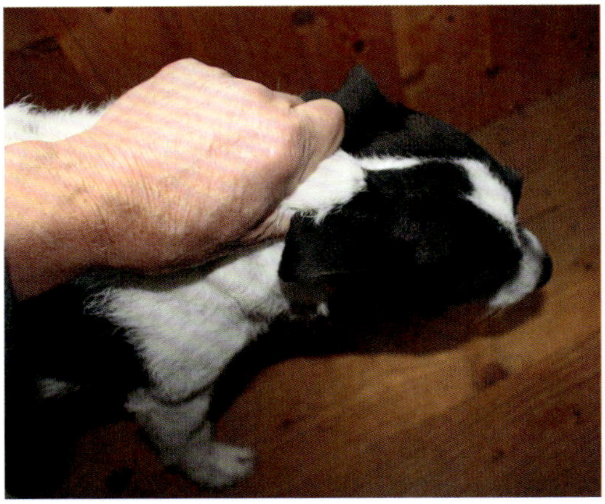

Der Griff ins Nackenfell ist schmerzlos, artgerecht und beeindruckend!

cken. Das jedoch darf nur selten passieren, ansonsten wird der junge Hund sehr schnell gleichgültig gegenüber unserem Aufschrei.

## 28 Ausbildungsstart

Bereits am ersten Tag nach Einzug des vierbeinigen Freundes sollte mit der Ausbildung begonnen werden. Ein Welpe ist aufgeschlossen für alles. Die Tür zur Aufnahmefähigkeit in seinem Gehirn steht sperrangelweit offen. Mit zunehmendem Alter schließt sie sich langsam aber sicher immer mehr. Nach der Pubertät steht sie nur noch so weit auf, dass man gerade durch den Spalt schauen kann. Der Junghund ist noch fähig Neues aufzunehmen, aber es wird immer schwieriger. Früher haben Experten oft geäußert, dass man mit dem Hund erst nach einem halben Jahr die Ausbildung beginnen soll. Erst dann sei sein Wesen gefestigt genug. Warten wir solange, dann haben wir die beste Chance vertan, dem Hund den Grundgehorsam und die Sozialisierung beizubringen, die ihn für das Leben prägen.

## 29 Eingliederung in ein Rudel

Jeder Hundeführer weiß, wie schwer es ist, einen geliebten Jagdhund zu verlieren. Leider ist die Lebenserwartung unserer treuen Hausgenossen viel zu kurz. Es hilft sehr gut über den Verlust hinweg, wenn schon bald wieder ein Welpe das Leben bereichert. Im Normalfall ist die Situation überschaubar: Ein alter Hund geht, ein Welpe kommt. Was aber, wenn bereits alt eingesessene Hunde seit Jahren ihren festen Platz in der Rangordnung der Familie haben? Dann gibt es einiges zu beachten: Es ist gefährlich, sich auf den sogenannten „Welpenschutz“ zu verlassen. Demnach würden erwachsene Hunde einen Welpen nicht verletzen, sozusagen eine Art „Ehrenkodex“ unter Hunden. Das mag in manchen Fällen zutreffen, aber leider hat sich diese Verhaltensregel noch nicht in allen Hundekreisen herumgesprochen. Eifersucht ist da schon eher ein Begriff, der von den Vierbeinern nicht schamhaft unterdrückt wird. Eifersucht wird offen ausgelebt und macht auch vor einem Welpen nicht Halt.

## 30 Ausgebildeten Hund kaufen?

Ein Hund hat in seinem Leben Besseres zu tun, als monatelang in seinem Zwinger auf einen Einsatz zu warten und uns dann, wenn es soweit ist, eifrig zu beweisen, was er alles gelernt hat. Ein Hund ist fraglos ein äußerst soziales Wesen, dem Einsamkeit ein Gräuel ist. Wenn wir ihn nur gelegentlich aus dem Zwinger nehmen, damit er eine Nachsuche machen kann, wird er uns auch nur als untergeordnete Rudelmitglieder betrachten, die ihm eine Jagdgelegenheit ermöglichen. Hetzen und bellen, das ist seine Welt! Wenn wir dem Hund die Zwingertür öffnen, dann tun wir genau das, was der Hund möchte. Meist endet dieser Ausflug im Chaos. Auch für einen bereits super ausgebildeten Hund ist in erster Linie

Welpe Filou (2 kg) begrüßt Carlo (60 kg). Das ist nicht immer so einfach.

wichtig, dem neuen Herrchen oder Frauchen klarzumachen, wo es lang geht. Er will eine möglichst hohe Leiterstufe innerhalb der neuen Rudelordnung erklimmen. Wenn er das schafft, ist er ein unerzogener Hund. Einer, der nicht mit in den Urlaub darf, in kein Restaurant, geschweige denn auf Besuch zu Freunden oder Bekannten. Unerzogene Hunde bleiben im Zwinger und verblöden. Dabei ist der Zwinger zu bestimmten Zeiten wichtig. Er verleiht uns Hundehaltern ein gewisses Maß an Unabhängigkeit und ermöglicht die Akzeptanz des Hundes in der ganzen Familie. Wer einen Hund kauft, für den verändert sich vieles! Er hat plötzlich Pflichten, von denen er möglicherweise nie etwas ahnte. Diese Pflichten sind eher als Freude und nicht als Last zu betrachten, wenn man selbst schon immer einen Hund haben wollte und sich die Gemeinsamkeit mit einem Hund wirklich wünscht. Der Hund als Partner, anders dürfen wir das nicht sehen. Mit dem Vierbeiner sind wir künftig immer zusammen. Der Hund, den wir von einem Profiabrichter erwarben, mag möglicherweise Tagessieger bei einer Verbands-Gebrauchs-Prüfung geworden sein. Aber kennen wir deswegen sein Wesen? Wissen wir, warum er bestimmte Verhaltensweisen an den Tag legt? Wissen wir, warum er kann, was er kann? Häufig erleben wir beim ersten Einsatz des Hundes in der Praxis ein großes Erwachen! Wer einen ausgebildeten Hund kauft, der muss schon eine Menge Ahnung von Hunden haben! Um Verständnis für die Verhaltensweisen des Vierbeiners zu bekommen, sollten wir einen Welpen erwerben, und ihn mithilfe von erfahrenen Hundeleuten selber ausbilden. Mit dieser spannenden Arbeit wird unser Verhältnis zum Hund gestärkt. Wir lernen ihn als Persönlichkeit anzuerkennen und können ihn einschätzen.

## 31 Sonderrolle

Ein neuer Welpe hat zunächst eine Sonderrolle. Es ist sinnvoll, die Bestandshunde von Beginn an mit in diese Rolle einzubinden. Die erste Begegnung ist dabei am schwierigsten. Diese sollte auf neutralem Terrain stattfinden. Eine Hundetransportbox hat ja wohl jeder. Diese stellt der Hundeführer mit dem Welpen in eine Wiese oder auf einen Rasen außerhalb vom eigenen Grundstück. Außen wird die Box mit Leckerlis bestückt. Nicht einfach nur Futterpellets, etwas ganz Besonderes muss es schon sein! Sinn der Übung ist, dass die Bestandshunde den Neuankömmling selber ausfindig machen. Also: unter Wind, so in vierzig Metern Entfernung, Leinen los und freie Suche. Es wird nur wenige Sekunden dauern, dann sind die Alten bereits bei dem Welpen an der Box und auch bei den Leckerlis, die um und auf der Kiste ausgelegt sind. Kurz: Der erste Eindruck ist immer der wichtigste! In diesem Fall ist die erste Begegnung mit einer super Erfahrung verbunden. Nachdem die Leckerlis, das dürfen durchaus auch Fleischwurststücke sein, im Hundemagen verschwunden sind, interessieren sich die Alten für den Welpen, beschnuppern die Kiste, nehmen den Geruch des kleinen Neulings auf und verbinden den Duft mit einem positiven Erlebnis. Würde der Hundeführer mit dem Welpen auf dem Arm direkt zu den Althunden gehen, käme als erster Eindruck erst mal Eifersucht auf. Die erste Begegnung findet folglich ganz ohne Menschen statt, und sie ist für den Welpen völlig ungefährlich, da er ja hinter Gittern sitzt. Im nächsten Schritt werden die Althunde außer Sichtweite gebracht und abgelegt. Die Transportbox kommt an eine andere Stelle, und wird wieder mit den beliebten Leckerlis bestückt. Die Wiederholung der Übung macht den Hunden bereits Spaß und festigt die Erfahrung. Bei der dritten Übung kommt der Chef ins Spiel. Während die Hunde noch nach den Leckerlis suchen, tritt er hinzu und gibt die Belohnungen von Hand. Falls keiner der Althunde nun wütend an der Kiste kratzt und diese verbellt, kann der Kleine bereits herausgelassen werden. Im Normalfall legt er sich gleich auf den Rücken und lässt sich beschnuppern.

## 32 Gleiches Recht für alle

Der Welpe wurde von seinen Wurfgeschwistern, der vertrauten Umgebung und der Mutterhündin getrennt. Damit er sich besser einleben kann, ist die Transportbox wiederum äußerst hilfreich, nämlich als Rückzugsort und zum Stubenreinwerden. Sobald die Althunde den Kleinen als neues Rudelmitglied akzeptiert haben, wird er ihnen ganz schön auf den Wecker gehen. Schließlich ist sein Spieltrieb grenzenlos. Auf diese Weise gewöhnt sich der Welpe an die Box – nicht nur als Nachtlager, sondern auch als Rückzugsort. Tagsüber bleibt die Tür offen. Der Welpe hat die Ruhelager der Althunde zu respektieren. Es ist auch Aufgabe des Rudelführers einzugreifen, wenn der Kleine frech deren Lager benutzt. Unser kleiner Filou hat das oft versucht und die Lager der Labradore mit Spielsachen zugepackt. Nach einiger Zeit fand der Kleine jedoch seine Lieblingsplätze.

## 33 Die Alten helfen bei der Erziehung

In den ersten sechs Monaten seines Lebens ist ein Welpe offen für alles und ganz besonders lernfähig. Vor allem besteht die Bereitschaft, sich unterzuordnen. Auch wenn die Alten mit dem Welpen spielen, verweisen sie ihn doch ständig in seine Rolle als untergeordnetes Rudelmitglied. Bei der Gehorsamsausbildung ist es von großem Vorteil, wenn die Alten dabei sind.

Die Transportbox kann beim Einleben im neuen Zuhause helfen.

„Sitz" und „Platz" ist eben einfacher, wenn man es nicht allein machen muss. Das allererste Anzeichen beim Hund, einen Menschen dominieren zu wollen, ist das frühzeitige Aufreiten an der Wade oder am Knie. Das darf kein menschliches Familienmitglied dulden, auch die Kinder nicht. Der Welpe muss eindringlich von diesem Dominanzverhalten abgebracht werden. Sehr gut eignet sich hierfür eine schnelle Bewegung mit dem betroffenen Fuß oder eine zusammengerollte Zeitung. Damit gibt es einen Klapps, indem man sich nah am Kopf des Welpen in die offene Hand schlägt. Das tut nicht weh, ist aber sehr beeindruckend. Wichtig ist, dem Welpen die Unterordnung innerhalb der ersten sechs Lebensmonate ständig nahezubringen. Nur so kann er in die menschliche Gesellschaft integriert werden. Falls der kleine Hund es wagt, den Rudelführer anzuknurren oder gar nach ihm zu schnappen, so kann es nur eine Antwort geben und die muss in derselben Sekunde erfolgen: Ins Nackenfell packen und ihn auf den Boden drücken. Artgerechter geht es nicht! Ich habe schon oft beobachtet, wie Hunde untereinander solch ein Problem lösen, und auch wie Streitigkeiten in einem Rudel geklärt werden. Nur so! Hier werden die Weichen für ein jahrelanges Miteinander gestellt. Dabei gilt das Prinzip: so viel Druck wie nötig, jedoch nicht mehr als nötig.

## 34 Grundpfeiler: Erziehung

Fälschlicherweise verstehen einige Hundehalter unter einer konsequenten Erziehung eine ausgesprochene Strenge. Doch das ist falsch! Letztlich profitiert der Hund von seiner Erziehung. Ist diese gelungen, darf er den Hundeführer und auch die Familie überallhin begleiten. In jedem Restaurant ist er ein gern gesehener Gast. Er bekommt sogar eine extra Schüssel mit Wasser,

Gut erzogen, hier bei Retsina, Salat und Tsatsiki.

denn die anderen Gäste bemerken seine Anwesenheit gar nicht. Im Idealfall wird er sogar mit in den Urlaub genommen.

## 35 Unerwünschtes Verhalten

Unerwünschtes Verhalten des Junghundes verfolgt immer einen Zweck. Was will mein Hund mir mit diesem Verhalten sagen? Diese Frage muss der Hundeführer sich zunächst stellen. Wichtig in der Folge ist, dass der Neuling mit seinem Verhalten das Gegenteil von dem erreicht, was er eigentlich wollte. Beispiel: Der Hund zieht an der Leine. Er will damit sagen, dass ich schneller gehen soll. Bleibe ich daraufhin jedoch stehen und bringe den Kleinen ins „Sitz", so wird er dieses unerwünschte Verhalten nach einiger Zeit abstellen. Anderes Beispiel von unerwünschtem Verhalten: Beim Spazierengehen verbellt mein Junghund ständig fremde Hunde, die hinter dem Gartenzaun auf und ab laufen. Wenn ich in dem Moment schimpfe, dann versteht der Hund das als Anfeuerung und schlussfolgert: „Komm, den machen wir gemeinsam fertig!" Unsere Reaktion muss sein, den jungen Hund am Gartenzaun anzubinden und einfach weiterzugehen. Damit hat er nicht gerechnet und das hat er auch gar nicht beabsichtigt. Nach mehreren Übungen dieser Art wird er sein Gebell einstellen, weil es nicht zielführend ist.

## 36 Kinder, Fremde Menschen, fremde Hunde, alle Tiere

Einer der größten Fehler, die der Hundeführer mit dem Junghund begehen kann, ist, ihn völlig

Hündin Fiete hat diese Erziehung schon lange hinter sich und ist jetzt Model für das Foto.

auf sich selbst zu prägen und ihn von der Außenwelt abzuschotten. Er muss sich nicht wundern, wenn der Hund nach der Geschlechtsreife Angst vor anderen Menschen hat oder aggressiv auf fremde Menschen reagiert. Manche Hundeführer, vor allem Erstlingsführer, legen dieses Verhalten an den Tag, möglicherweise aus Unkenntnis. Das ist nicht praxisnah und stört sogar die soziale Entwicklung des jungen Hundes. Jede Gelegenheit muss genutzt werden, damit der kleine Hund Kontakt zu anderen und auch fremden Menschen hat. Das ist für seine soziale Entwicklung sehr wichtig. Als Nebeneffekt habe ich festgestellt, dass Menschen, zu denen mein Hund sofort Vertrauen hat, meistens sehr nett und freundlich sind, und dass auch ich zu ihnen leichter Zugang finde. Auch alle anderen Eindrücke, die Stadt und Land zu bieten haben, sollten früh auf ihn zukommen. Dazu zählen Bahnhof, Aufzug, Brücken, verschiedene Untergründe.

Wenn Hasso zu fremden Menschen Vertrauen hat, dann ist das ein gutes Zeichen!

Alles muss ein Junghund kennenlernen, auch wenn es zunächst Stress bedeutet. Der muss überwunden werden.

Umso gelassener wird der Kleine werden. Auch an möglichst viele Tierarten muss der Hundeführer ihn heranbringen. Besuche in einem Wildgehege sind sinnvoll, damit der Welpe sich an die Witterung der Wildarten gewöhnt. Alle Sorten Vieh, Kühe, Hühner, Pferde und ganz besonders Schafe sollte er schon im frühen Alter kennenlernen. Falls die Schafe hinter stromführendem Knotengeflecht eingepfercht sind, darf der kleine Hund gern mal an den Zaun gehen, um Kontakt aufzunehmen. Falls er einen Stromschlag bekommt, wird er Schafe sein Leben lang meiden, und das ist auch gut so. Ein Jagdhund im Schafspferch kann ähnlichen Schaden anrichten wie ein Wolf. Noch wichtiger ist es, den Neuling mit möglichst vielen Hunden in Kontakt zu bringen. Schmerzhaft musste das mancher Erstlingshundeführer erfahren. Mit großer Mühe hat er seinem Jagdhund alles beigebracht, was dieser für die Jagdhundeprüfung können muss. Aber am großen Tag, für den monatelang geübt wurde, ging dann alles gründlich in die Hose. So viele fremde Hunde hatte der Prüfling noch nie gesehen – die Prü-

Dieses Spiel muss die Hundeführerin gewinnen!

fungsfächer waren nur noch Nebensache! Resultat: durchgefallen. Darum müssen Welpenbesitzer sich unbedingt zusammentun und Spielstunden veranstalten, bei denen außerdem gemeinsam der Grundgehorsam geübt wird. Wenn das trotz der Ablenkung durch die anderen Hunde klappt, sitzt es im Alltag umso besser. Im Idealfall übt man auch gemeinsam für die Hundeprüfung. Leistung unter Ablenkung ist hier gefragt!

## 37 Spielen mit Welpen

Welpen sind sehr verspielt. Ohne Frage soll sich auch der Hundeführer herablassen und mit dem Hund spielen. Falls es in dem Spiel ums Kräftemessen geht, ist wichtig, dass der Hundeführer gewinnt und er das Spiel beendet. Spiel ist im Tierreich die Vorbereitung auf das Erwachsensein, daher also auch eine wunderbare Variante für die Unterordnung des Welpen. So sehr wir uns auch freuen, wenn der kleine Hund zu uns kommt und uns zum Spiel auffordert, so gehört es dennoch zur Erziehung dazu, nicht immer darauf einzugehen. Ein energisches „Aus" weist den Vierbeiner in seine Schranken.

## 38 Zwingerhaltung

Unsere Jagdhunde sind Familienmitglieder, und das müssen sie auch sein! Vierbeiner, die oft genug für uns ihr Leben riskieren, sollten in der übrigen Zeit an unserem Leben teilhaben und nicht im Zwinger ihr Dasein fristen. Einen Zwinger sollte es dennoch geben, jedoch nur für den vorübergehenden Aufenthalt. Schließlich gibt es einiges, das leider nur ohne Hund erledigt werden kann. Ich füttere alle Hunde konsequent im Zwinger, damit auch dieser Ort einen positiven Touch hat. Sobald ich in den Garten rufe „Welcher Hund geht in den Zwinger-Club?", rasen alle Vierbeiner dorthin, in Erwartung ihrer täglichen Mahlzeit. Wenn man die Abholzeiten aus dem Zwinger nach der Mahlzeit langsam verlängert und auch flexibel gestaltet, gibt es kein Gebell im Zwinger – auch nicht, wenn sie mal einen ganzen Tag dort verbringen müssen.

## 39 Die Zwingeranlage

Im Idealfall verfügt der Zwinger über einen vor Wind und Regen schützenden Raum mit Hundehütte sowie über einen Zugang nach draußen, eine Art Garten für den Zwinger, mit Sandboden. Damit hier nicht tiefe Löcher gegraben werden können, sollte unter der Sandschicht von etwa 20 Zentimetern Dicke ein verzinkter Casanet-Draht ausgelegt sein. In einem solchen Zwinger ist der Hund besser untergebracht, als wenn er den ganzen Tag allein in der Wohnung verbringen müsste.

Aika hat es zum Karrierehund geschafft. Ist der Zwinger erst einmal zugestellt mit Brennholz, Brettern und Gartengeräten, dann gibt es kein Zurück mehr.

# HUNDE-ERZIEHUNG

# TIPPS – FÜR DIE FRÜHERZIEHUNG UND GRUNDLEGENDEN GEHORSAM

Damit der Hund sowohl bei der Jagd als auch im Alltag ein ständiger Begleiter sein kann, ist eine grundlegende Erziehung absolute Pflicht. Und damit muss der Hundehalter bereits im Welpenalter beginnen.

## 40 Gehorsam beim Welpen

Grundsätzlich ist Gehorsam für den künftigen Jagdhund keine Sache, mit der er ausschließlich seinem Chef dient, sondern das Befolgen der unliebsamen Kommandos ist wichtig für sein eigenes Überleben und für die Qualität seines Lebens. Der Straßenverkehr mit all seinen Unwägbarkeiten ist rücksichtslos gegenüber kleinen, frei umherlaufenden Hunden. Deshalb sind Begriffe wie: „Hierher", sowie „Platz", „Halt" oder „Stopp" unverzichtbar. Außerdem gilt: Ein gut erzogener Hund darf „sein Rudel" oft begleiten.

## 41 Wie spreche ich mit meinem Hund?

Hunde sind ohne Frage in der Lage, sich viele Kommandos zu merken. Diese sollten jedoch immer kurz und prägnant sein. Dann ist es für den Hund viel einfacher, den Befehl einer bestimmten Handlungsweise zuzuordnen, die von ihm erwartet wird. Ansonsten muss er das eine Wort, auf das es ankommt, aus einem ganzen Satz herausfiltern. Das ist ungleich schwerer und klappt oft gar nicht. Ein einfaches Beispiel ist das Kommando „Platz". Würde ich sagen: „Filou, mach mal Platz!", dann käme der Bursche ins Schlingern. Mit seinem Namen rufe ich ihn

Setzt sich der Hund nicht auf das Kommando „Sitz", muss der Hundeführer nachhelfen.

normalerweise zu mir, und anstatt zu mir zu kommen, soll er sich dann auch noch hinlegen. Filou kann mit den Worten „mach mal" gar nichts anfangen. Er muss diese Worte herausfiltern, dann streichen und das Wesentliche herausfischen. Es tut dem Verhältnis zwischen Hund und Mensch keinen Abbruch, wenn Kommandos kurz und deutlich gegeben werden. Und was noch ganz wichtig ist: Jedes Kommando wird nur ein Mal gegeben. Nur ein Mal „Sitz" und nur ein Mal „Platz". Wird dem nicht nachgekommen, folgt sofort die Einwirkung auf den Hund: so viel wie nötig, nicht mehr als nötig! Schließlich soll der künftige Jagdhelfer sein Selbstbewusstsein behalten, die Arbeit freudig und nicht mit eingeklemmter Rute ausführen.

## 42 Jeder Hund erkennt das Wort

Es ist nicht nur der Klang eines Kommandos, welchen der Hund erkennt. Die Vierbeiner kennen auch die Worte selbst. Egal, ob von Mann oder Frau ausgesprochen, ein selbstbewusst gesagtes Kommando befolgt der Hund. Falls er das nicht macht, so ordnet er sein Gegenüber in den Bereich ‚nicht ernst zu nehmen' ein.

## 43 Der Ton macht die Musik

Obwohl es sonst nicht meiner Art entspricht, so verstelle ich mich bei Bedarf und spreche den Hund im lauten, verärgerten und ernsten Ton an. In bestimmten Situationen erkennt der Vierbeiner meinen Unmut. Andersherum kann ich mich auch übertrieben freuen, mit heller, freundlicher Stimme. Als Nachdruck knie ich mich dann auf den Boden, um den Hund abzuliebeln.

Bis eine Übung sitzt, sollte stets die Leine genutzt werden.

## 44 Die Leine

Die Leine wird den Welpen und seinen Rudelführer ein Leben lang begleiten. Und sie wird viele Hundeführer ebenso ein Leben lang zur Verzweiflung bringen. Außerdem ist die Leine die wichtigste Ausbildungshilfe für alle anderen Aufgaben. Soll der Welpe etwas Neues lernen, so darf er keine Möglichkeit haben, sich der gestellten Anforderung zu entziehen. Schließlich ist solch ein zehn Wochen alter Knirps bereits in der Lage, schneller zu laufen als Herrchen oder Frauchen. Falls ihm also irgendeine Übung nicht passt, so wird er das Weite suchen und mit Sicherheitsabstand um den Hundeführer herumschleichen. Das nennt man dann Handscheue. Um das Vertrauensverhältnis nicht zu stören: Immer nur mit Leine arbeiten, bis die Übung sicher sitzt und freudig ausgeführt wird.

## 45 Welpenspielstunden

Für die soziale Entwicklung der künftigen Jagdhunde ist es sehr wichtig, sie mit etwa gleichaltrigen und gleichgroßen Welpen zusammenzu-

Das Spielen der Welpen untereinander ist sehr wichtig für die Sozialisierung. Es sollte auch durch die neuen Besitzer weiterhin gefördert werden.

bringen. Die Zusammensetzung der Rassen ist dabei von völlig untergeordneter Bedeutung. Ziel ist, dass der Welpe lernt, anderen Hunden zunächst unvoreingenommen zu begegnen. Es kommt dabei auch gelegentlich zu kleinen Keilereien zwischen gleichgroßen Welpen. Diese sollten von den Hundeführern ignoriert werden. Es könnte jedoch gefährlich werden, wenn ein Teckel Welpe sich mit einem Bernhardiner Welpen anlegt. Wobei das auch gut gehen kann, denn die Aggressivität eines kleinen Teckels kann den gutmütigen Bernhardiner auch sehr beeindrucken.

## 46 Leinenführigkeit

Habe ich als frisch gebackener Besitzer eines Welpen Glück, so hat der Züchter die kleinen Jagdhunde bereits mit Halsung und Leine konfrontiert. Meist ist das aber nicht der Fall. Ich habe Filou erst einmal nur die Halsung angelegt. Die Leine muss am ersten Tag noch nicht sein. Schließlich ist der Welpe froh, überhaupt jemanden zu haben, nachdem er von seiner Mama und seinen Geschwistern getrennt wurde. Das bedeutet, er folgt seiner neuen Bezugsperson auf Schritt und Tritt, auch ohne Leine. Welpen reagieren auf unterschiedliche Weise, wenn sie zum ersten Mal im Leben mit einer Halsung konfrontiert werden. Die meisten setzen sich ständig hin, kratzen sich mit dem Hinterlauf und lassen die Halsung kreisen. Am Tag zwei oder drei kommt dann die Leine zum Einsatz. Das empfinden die meisten Welpen als brutale Freiheitsberaubung. Einige stemmen sich mit allen Vieren gegen den Zug der Leine, andere werfen sich auf den Rücken, strampeln mit den Läufen und schreien sogar. Den kleinen Kerl nun einfach hinter sich herziehen, bis er seinen Widerstand aufgibt, ist keine gute Idee. Das erinnert an einen erwischten Pferdedieb im frühen Wilden

Westen, den man dann mit dem Lasso durch die Prärie schleifte. Filou hatte das Glück, dass bereits zwei Althunde im Rudel waren. Nachdem er freiwillig dem Zug der Leine nicht nachgeben wollte, mussten die Labradore ran. Beate ging mit den beiden voran – und siehe da: Filou mit mir sofort hinterdrein. Nun war die Funktion der Leine umgekehrt. Diese musste Filou zurückhalten. Folglich ist es sinnvoll, falls kein weiterer Hund im Haushalt ist, einen Hundebesitzer im Bekanntenkreis um Hilfe zu bitten. Hilfspersonen werden im Laufe des Gehorsam-Trainings noch häufig nötig sein. Die Erfahrung mit der Leine war für Filou positiv: Leine bedeutet Spaziergang!

## 47 Nicht an der Leine ziehen

Im nächsten Schritt geht es darum, dass der Welpe nicht an der Leine zieht. Von Natur aus machen das zunächst alle jungen Hunde, denn sie wollen uns damit sagen, dass wir schneller gehen sollen. Der Welpe muss mit dem Zug an der Leine jedoch das Gegenteil von dem erreichen, was er eigentlich will. Der Hundeführer verharrt und geht erst weiter, wenn die Leine durchhängt. Zugegeben: Das ist eine etwas langwierige Übung. Jedoch sehr wirksam. Für das Training wird eine dünne Kettenhalsung eingesetzt. Das Ziehen an der Leine bewirkt beim Welpen ein unangenehmes Gefühl. Sobald die Leine durchhängt, ist das Gefühl viel besser. Um Missverständnisse zwischen Hund und Mensch zu vermeiden, muss der Welpe immer auf derselben Seite geführt werden. Am besten links. Rechts ist auch in Ordnung, aber es muss immer dieselbe Seite sein. Ziel der Übung ist zu erreichen, dass der Welpe sich auf den Hundeführer konzentriert. Das ist in Wald und Feld nicht so einfach wie auf einem betonierten Parkplatz oder in einer Halle. Sobald die Übung einigermaßen klappt, der Kleine aber doch noch mal rückfällig wird, mache ich am anderen Ende der Leine auf mich aufmerksam. Ich vollziehe eine scharfe, rechtwinklige Abbiegung auf der Hacke in Richtung Hund. Damit laufe ich meinem Vierbeiner in die Seite, weil dieser zu weit vorangegangen war. Wird dieses rechtwinklige Abbiegen mehrfach wiederholt, beobachtet der Welpe seinen Menschen, rechnet stets mit einer Richtungsänderung und zieht nicht mehr an der Leine.

## 48 Leinenführigkeit im Wald

Eine Prüfungsanforderung bei der Leinenführigkeit ist das Pirschen im Wald. Dabei soll der Jäger eine Umhängeleine benutzen, beide Hände

Beate demonstriert, wie Filou zunächst mit einem Leckerli um den Baum herumgeführt wird.

Durch konsequentes Weitergehen lernte Filou, auf alle Bäume zu achten.

Diese Übung, nicht unten durchzukriechen, sondern zu springen, macht Filou sogar Spaß!

frei haben und der Hund muss immer nah am Fuß gehen, um nicht an Bäumen hängen zu bleiben. Alle Junghunde hängen sich bei dieser Übung erst einmal an jedem Baum auf. So auch Filou. Zu Beginn der Übung verhoffte ich an der kritischen Stelle und lockte den Kleinen mit einem Leckerli um den Baum herum wieder an meinen Fuß. Nach dem zehnten Baum hatte ich den Eindruck gewonnen, dass Filou den Sinn der Übung begriffen hat. Um zu vermeiden, dass er ein Leben lang an jedem Baum auf ein Leckerli wartet, ignorierte ich ab sofort sein Hängenbleiben und ging einfach weiter. Filou wurde so auf etwas unangenehme Weise wieder auf die Fußseite gebracht und siehe da, nach dem dritten Baum achtete er akribisch darauf, alle Bäume an meiner Fußseite zu umgehen.

## 49 Waagerechte Hindernisse

Parallel dazu erfolgte das Training auch mit waagerechten Hindernissen, die Filou eigentlich auch ein „Unten-Durchschlüpfen“ ermöglichten. Leider ist das Thema aktueller denn je. Durch die trockenen Jahre sind viele Bäume geschädigt worden. Als Sturmschaden liegen sie nun auf Wegen und auch sonst überall im Wald herum. Es wäre schon lästig, bei jedem Stamm die Leine unten durch zu führen. Geübt habe ich mit Filou zunächst an Stämmen, die völlig am Boden lagen. Egal wie dünn oder wie dick die Stämme waren, Filou hat sie gleich übersprungen oder erklommen. Das Verhalten begleitete ich jedes Mal mit dem Kommando: „Hopp“. Erst dann gingen wir zu jenen Hindernissen über, bei denen für Filou das Benutzen der Unterführung einfacher gewesen wäre. Natürlich blieb er zunächst mit der Leine hängen. Das Kommando „Hopp“ kannte er bereits und ein Leckerli, oben auf dem Baumstamm, machte die Übung für Filou ganz schnell zum Spaßfaktor.

## 50 „Sitz“

Schon bald nach der Gewöhnung an die Hundeleine habe ich mit Filou das Kommando „Sitz“ eingeübt. Das Kommando wurde nur ein Mal gesagt und gleichzeitig dem Kleinen der erhobene Zeigefinger präsentiert. Ziel ist nämlich, dass der Lehrling die hörbaren Signale einem bestimmten sichtbaren Signal zuordnet. Später genügt dann die Körpersprache. Also drückte ich Filous Hintern runter und belohnte dieses sofort mit einem Leckerli. Da ich im Gegensatz zu anderen Hundeerziehern immer gern Leckerlis einsetze, fallen diese äußerst klein und dafür schmackhaft aus. Das übte ich etwa zehn Mal. Filou durfte aufstehen, nachdem er seine Belohnung bekommen hatte. Dann wurde einige Schritte weiter gegangen und die Übung wiederholt. Das Laufen zwischendurch ist wichtig, damit der kleine Hund sich sammeln kann. Er ist dann offener für den nächsten Anlauf. Schon bald setzt sich der Welpe freiwillig, weil das Runterdrücken unangenehm ist und weil er nicht so lange auf sein Leckerli warten will. Das ist der Moment, in dem das Geben der Belohnung immer mehr hinausgezögert wird. Vorzeitiges Aufstehen wird mit erneutem Herunterdrücken geahndet, nicht jedoch mit Wiederholung des Befehls.

Das Kommando „Sitz“ wird immer von einem erhobenen Zeigefinger begleitet.

Nach gelungener Übung gibt es nicht nur ein Leckerli, sondern übertriebenes Lob.

## 51 „Sitz“ und „Bleib“

Das Geben der kleinen Delikatesse nach dem „Sitz“ wird immer mehr verzögert. In Verbindung damit kommt die lange Leine zum Einsatz. Ich entferne mich immer weiter weg vom sitzenden Welpen, umkreise ihn gar, bis das Leckerli den Befehl aufhebt und beide, Hund und Chef, sich freuen. Ja, laut und deutlich muss sich der Hundeführer über die gelungene Arbeit zusammen mit dem Hund freuen! So wie er seine Stimme als deutliches und lautes Druckmittel einsetzt, so muss die Stimme nach erfolgreichem Training auch übertrieben freundlich klingen. Nur so erkennt der Hund die Stimmungslage seines Rudelführers und kann sich künftig so verhalten, dass der Alte sich freut. Auch hier kommt es durchaus vor, dass der Kleine rückfällig wird und seinen Sitzplatz einfach verlässt. Ich habe mir allerdings ganz genau gemerkt, wo der Kleine saß, und bringe ihn genau dorthin wieder zurück. Dieser Rückweg muss für den Hund unangenehm sein. Der Druck der Leine wird nach oben verschärft und mit einer Rüge wie etwa „Pfui“ begleitet. Am Anfang lernt der Hund leichter, wenn ich auf seinen Sitzplatz eine kleine Decke lege. Es wird solange geübt, bis ich mich mindestens 20 Meter weit entfernen kann und die Sitz-Zeit zehn Minuten erreicht.

## 52 Abrufen

Sobald das „Sitz“ gefestigt ist, darf der kleine Schüler aus dem „Sitz“ abgerufen werden. Zunächst ist der Welpe irritiert, denn eigentlich hat er gelernt, sitzen zu bleiben, erst zu folgen,

Mit langer Leine und Rückwärtsgang klappt „Sitz“ schnell.

Zwischen zwei Personen hin und her gerufen zu werden, macht Filou großen Spaß.

Auch bei einer Pferdeweide ist es sicherer, wenn der Hund sie allein überquert.

wenn seine Leine aufgenommen und er gelobt wird. Darum beginne ich auf kurze Entfernung, etwa zwei Meter entfernt. Für das Abrufen nenne ich stets den Namen des Welpen und begleite diese Übung mit einem weithin sichtbaren Handzeichen. Beide Arme werden in die Höhe gereckt, und während ich leicht in die Hocke gehe, bewege ich die Arme nach unten neben die Hüften. Erst jetzt strecke ich die Hand mit einem Leckerli aus und rufe seinen Namen erneut. Sobald der Welpe zu mir gekommen ist, lobe ich ihn und gehe eine Runde, damit er sich sammeln kann. Auch ein Welpe muss neue Erfahrungen immer erst verarbeiten. Bei der nächsten Übung rufe ich ihn bereits aus vier Metern Entfernung ab und steigere die Entfernung immer weiter. Falls der Kleine bereits seinen Platz verlässt, ohne gerufen worden zu sein, bringe ich ihn zurück – auf eine Weise, die für ihn nicht ganz so angenehm ist. Das Abrufen aus dem „Sitz" ist für den Welpen eine angenehme Übung, die er schnell begreift und freudig ausführt. Gleichzeitig ist es eine Vorbereitung für das „Hereinkommen". Dabei muss der Hund bei jeder Gelegenheit auf Ruf oder Pfiff zurückkommen.

## 53 Überqueren einer Kuhweide

Es ist lebensgefährlich, mit dem Hund an der Leine eine Weide zu überqueren, auf der Milchkühe grasen. Selbst wenn die Kühe keine Kälber bei sich haben, ist in ihren Köpfen der Beschützerinstinkt einer Mutter allgegenwärtig. Einen Hund könnten sie wie einen Wolf als Gefahr ansehen und angreifen. Bei der Gelegenheit rennen sie den Hundeführer gleich mit um. Der Hund macht folglich außerhalb der Weide „Sitz" und „Bleib" (nicht „Platz"). Ich überquere die Weide

Der Hund geht links.

gefahrlos allein. Von der anderen Seite aus rufe ich meinen Jagdhelfer zu mir. Der Hund saust so schnell über die Weide, dass die Kühe nur noch lange Hälse machen können.

## 54 Die Wende

Eine weitere Übung, die Hund und Hundeführer gleichermaßen fordert, ist die Wende, elegant und flott. Ich gehe mit dem Hund links von mir geradeaus und beschließe umzukehren. Aus der Bewegung drehe ich mich zum Hund, ergreife die Leine mit der rechten Hand und während ich mich bereits in Gegenrichtung bewege, nehme ich hinter meinem Rücken die Leine mit der linken Hand und gehe weiter. Das Zutun des Vierbeiners ergibt sich dabei automatisch, er muss nur dem Leinenzug folgen und geht wieder auf der linken Seite bei Fuß.

Beate wendet sich zum Hund und tauscht hinter ihrem Rücken mit den Händen die Leine und geht weiter.

Beate geht einfach weiter. Der Hund folgt hinter ihrem Rücken und geht automatisch wieder auf der linken Seite.

## 55 Frei bei „Fuß“

Eigentlich ist dies eine Übung für Fortgeschrittene. Andererseits ist festzustellen, dass fast alle Hunde, die diese Art der Fortbewegung im Rudel begriffen haben, ohne Leine besser bei Fuß gehen als mit. Für Filou habe ich eine ältere Hundeleine eingesetzt. Während eines Spaziergangs ließ ich die Leine fallen und hinterherschleifen. Bei zu eifrigem Vorwärtstrieb des kleinen Rüden trat ich einfach auf die Leine, begleitet von einem kräftigen Stimmbefehl „Fuß“. Nachdem Filou begriffen hatte, was ich von ihm wollte, verwendete ich ein Stück Wäscheleine als Schleppleine. Diese ist so leicht, dass sich der Hund fühlt, als wäre er unangeleint. Das verleitet ihn zum Vorpreschen. Auch hier hilft ein Tritt auf die Leine augenblicklich. Zusätzlich geht der Hundeführer langsamer, schneller, bleibt stehen, biegt nach links und rechts ab. Erst nach Ankunft am Ziel gibt es ein Leckerli, denn wie schon gesagt: Lob hebt das Kommando auf. Das hört sich alles ziemlich einfach an. Ist es auch – bis zu dem Punkt, an dem Ablenkungen das Interesse des Schülers deutlich mehr reizen als alles andere: fremde Hunde, Markierungen anderer Hunde, Fährten vom Wild, eine Katze auf der anderen Straßenseite ...

Eine Schleppleine kommt zum Einsatz.

## 56 Ablenkungen provozieren

Um die Leinenführigkeit auch unter Ablenkung zu üben, benötige ich einen Helfer. Sehr wirksam ist es, wenn der Helfer uns mit dem Fahrrad begegnet und an einer Schnur ein Stofftier hinter sich herzieht. Klar, dass der kleine Hund sich auf die Beute stürzen möchte. Ich wirke ein, so viel wie nötig, nicht mehr als nötig, bis Filou wieder ordentlich bei Fuß geht. Jetzt kommt uns der Fahrradfahrer von der anderen Seite entgegen. Wieder will Filou sich lieber auf die vermeintliche Beute stürzen, anstatt bei „Fuß“ zu gehen, und wieder wirke ich ein. Diese Übung wird so lange wiederholt, bis Filou das Stofftier nicht mehr attackiert. Er lernt dadurch, dass ich ihn immer mit Konsequenz behandle und das Kommando „Fuß“ auch durchsetze. Diese Vorübung hilft mir, mich auch bei anderen Begegnungen, etwa mit Katzen oder fremden Hunden, durchzusetzen.

## 57 Hereinkommen

Filou sollte bereits als Welpe zurückkommen, wenn er gerufen wurde. Bei einem Waldspaziergang roch er jedoch irgendetwas sehr Interessantes und das forderte seine volle Aufmerksamkeit.

Hätte ich nun weiterhin nach ihm gerufen, so hätte er nur meine Anwesenheit festgestellt und sich sicher gefühlt in seinem Bestreben, Neues zu erkunden. Anstatt also weiterhin zu rufen, Filou damit die Sicherheit zu geben und ihn dazu zu bringen, den Abstand noch mehr zu vergrößern, verhielt ich mich völlig ruhig und versteckte mich hinter einem Baum. Diese Situation, plötzlich allein auf der Welt zu sein, weder Sicht- noch Lautkontakt zu haben, brachte Filou in Bedrängnis. Also: ‚Schnell zurück, Herrchen suchen!' Nachdem Filou mich gefunden hatte, freuten wir beide uns riesig. Solch eine Erfahrung prägt einen Welpen fürs Leben. Damit wird die Bindung zwischen Hundeführer und Welpe gefestigt. So ganz nebenher lernt der kleine Vierbeiner auch noch, auf seiner eigenen Fährte zurückzukommen.

Filou kommt auf Beate zu. Sie hält ein Leckerli in der rechten Hand.

## 58 Vorbildliches Hereinkommen

Vor Jahren hatte ich einen Deutsch Langhaar-Junghund im Welpenkurs. Sein Herrchen hatte zuvor mit ihm bei den Schutzhunden geübt. Als er den Hund zu sich rief, setzte sich dieser nicht einfach hin. Nein, er umrundete sein Herrchen um 180 Grad und setzte sich dann artig neben dessen linke Seite. Ein ansprechendes Bild, und sinnvoll zu gleich. „Wie hast du ihm das beigebracht?", wollten alle wissen. „Das verrate ich nicht!" Fraglos kein Teamgeist, denn in der Hundeschule hilft man sich gegenseitig. Ich bin dann selbst draufgekommen. Während ich auf den Hund warte, habe ich sowieso schon ein Leckerli in der Hand. Wenn er fast bei mir ist, zeige ich es ihm und locke ihn damit an meinem rechten Bein vorbei, lege dann das Leckerli hinter meinem Rücken in die andere Hand und führe den Hund bis an meine linke Seite. „Sitz" und Belohnung beenden die Übung. Nach einigen Wiederholungen behalte ich das Leckerli in

Sie führt Filou um sich herum.

Beate tauscht das Leckerli in die linke Hand.

Erst wenn Filou auf der linken Seite sitzt, bekommt er die Belohnung.

der linken Hand und leite den Vierbeiner nur noch mit einer angedeuteten Handbewegung hinter mir entlang. Sofort sitzt er links neben mir und bekommt die Belohnung. Nach weiterem Üben umrundet der Hund mich von allein, setzt sich und schaut zu mir auf.

## 59 Wiederkommen ist immer ein Freudenfest

Manchmal geschieht vor dem Zurückkommen zu Frauchen oder Herrchen etwas, das weniger erfreulich ist. Der Hund könnte etwa die beste Legehenne eines Nachbarn getötet haben, oder er hat sonst irgendwelchen Blödsinn angestellt. Kommt er jedoch zurück, so ist das trotzdem ein Freudenfest! Das Zurückkommen darf niemals einen negativen Beigeschmack bekommen. Das Wiederkommen muss immer ein Freudenfest sein, egal was der Jagdhelfer angestellt hat. Denn die Begegnung mit dem Hundeführer ist der letzte Eindruck, den der Welpe hatte. Auf diesen Eindruck wird er die Reaktion des Rudelführers beziehen, nicht auf seine Missetat.

Egal was vorher war: Wenn der Hund wiederkommt, dann ist es immer ein Freudenfest!

## 60 Maßregelung nur auf frischer Tat

Um den Welpen für sein Fehlverhalten zu bestrafen, muss man die Situation nochmals künstlich herbeiführen, um dann vorbereitet zu sein, im richtigen Moment einzuwirken – wie auch immer, das ist situationsbedingt. Ansonsten ist es eine sehr gute Übung, das Zurückrufen zu trainieren, indem man den Welpen zwischen zwei Vertrauenspersonen hin und her ruft. Dafür kommt eine lange Leine zum Einsatz, und der Welpe wird jedes Mal auf Zuruf freudig kommen, weil es immer ein Leckerli gibt. Die Übung wird nicht nur oft wiederholt, sondern durch Vergrößerung der Entfernung ausgebaut. Auch der Sichtkontakt kann bei fortschreitender Übung eingestellt werden, indem man den Hund über einen Hügel laufen lässt oder im Wald um eine Wegbiegung herum. Beim Welpen festigt sich die Verknüpfung: Mein Name wird gerufen, hinlaufen und Leckerli bekommen! Nebenher wird dann gleich noch der Doppelpfiff eingeübt mit einer individuellen Pfeife.

## 61 Die Sache mit dem Huhn

Flugunfähige Hühner sind eigentlich typische Beutetiere. Seit drei Tagen hatte ich einen etwa zehn Wochen alten Deutsch Drahthaar Rüden, Amor, bei mir. Ich machte einen Reviergang und nahe eines Bauernhofs am Waldrand trafen wir auf eine Gruppe Haushühner. Ich hätte den kleinen Hund gern auf den Arm genommen, aber er lief vor. Der stolze Hahn stellte sich wagemutig dem Welpen entgegen und drohte mit langen Sporen und entschlossener Flügelhaltung. Im vollen Rennen packte der Welpe sich den Hahn, als hätte er nie etwas anderes gemacht. Es gab einen Federball und der kleine Hund brachte mir freudig seine Beute, die er am Hals trug. Innerlich kochend, jedoch freundlich redend wollte ich dem Hündchen die Beute abnehmen. Er hielt den Hahn jedoch eisern fest. Ich hätte mit Gewalt den Fang aufdrücken müssen. Stattdessen nahm ich den Welpen auf den Arm und der tote Hahn hing herunter. So gingen wir zur Bäuerin und kauften ihr das Federvieh ab. Ich setzte meinen Reviergang fort, mit Hund auf dem Arm. Schon bald ließen die Kräfte nach, und der Hund ließ den Hahn fallen. Somit war die Geschichte erst einmal beendet. Die Begeisterung des Welpen für Federvieh blieb jedoch erhalten. In der Folge vermied ich jeglichen Kontakt zu Hühnern und bildete den Hund für die Niederwildjagd aus. Bei der Quersuche in einem Senffeld erwischte er trotzdem ein Haushuhn und brachte es vorbildlich, setzte sich und gab es aus. Anschließend auf einem Wirtschaftsweg musste der Hund „Sitz" und „Bleib" machen. Ich legte das Huhn in zehn Metern Entfernung ab und ging wieder zum Hund, nahm die Leine und als wir am Huhn vorbeikamen, ließ ich ein hartes „Apport" los. Gehorsam nahm der Rüde das Huhn und trug es neben mir her. Und trug und trug und trug, 10 Minuten, 15 Minuten. Dann fiel es ihm aus dem Fang. Ich ließ es wieder aufnehmen und weiterhin tragen. Irgendwann, als ich den Eindruck hatte, dass dem Hund die Lust an Hühnern vergangen ist, durfte er „Sitz" machen, und das Huhn ausgeben. Amor hat daraufhin hat nie wieder im Leben ein Huhn gefangen.

## 62 Die richtige Hundepfeife

Hinsichtlich der Pfeife habe ich während meiner Dienstzeit im Münsterland Erfahrungen sammeln müssen, die mich fast zur Verzweiflung brachten. Bei einer Niederwildjagd sind oft mehrere Hundeführer im Einsatz. Kommt der Hund nicht auf mehrfachen Pfiff, so wird getrillert, was das Zeug hält. Die Folge davon ist, dass sich keiner der

Ein Hund sollte grundsätzlich nur auf eine Pfeife konditioniert werden.

Hunde mehr angesprochen fühlt. Alle werden harthörig, weil sie den Sinn des Pfeifkonzerts nicht nachvollziehen können. Neben dem persönlichen Ruf des Namens, dem ich die wichtigste Bedeutung beimesse, sollte es eine individuelle Pfeife geben. Einen Ton, den nur mein Hund kennt und auch auf weite Entfernung wahrnimmt. Falls der Welpe beim Einüben doch mal nicht kommen will, dann auf keinen Fall hinterherlaufen. Auf diese Weise lernt der Knirps nur, dass er schneller ist als Herrchen!

## 63 „Platz“

Das Einüben des Kommandos „Platz“ ist für das Miteinander von Hund und Mensch ein Leben lang von großer Bedeutung. Das ausgesprochene Wort kann auch anders formuliert werden, jedoch immer gleich! Einer meiner Hunde hieß Dachs. Für diesen Hund verwandte ich „Pause“ als Befehl zum Hinlegen, weil Platz und Dachs sich zu ähnlich anhören. Andere Hundeführer nutzen auch „Halt“ oder “Stopp“. Begleitet wird das Kommando von einem bestimmten Pfiff mit der individuellen Pfeife. Außerdem wird beim Einüben immer eine offene Hand am langen Arm erhoben, die sich dann abwärts bewegt. Für einige Hunde ist es schwer nachvollziehbar, weshalb sie sich hinlegen sollen. Sie setzen dem Befehl dann auch massiven Widerstand entgegen. Was der Hund möchte, spielt bei der Ausbildung jedoch keine Rolle. Es geht nur darum, dass der Schüler macht, was von ihm verlangt wird. Es ist in jedem Fall besser, wenn dem Hund konsequent beigebracht wird, diesem Befehl augenblicklich zu folgen, als wenn er wegen seines Ungehorsams überfahren wird und blutend auf der Straße liegt.

Das Kommando „Platz“ kann lebensrettend an Straßen- und Bahnübergängen sein.

## 64 Verschiedene Hunde, verschiedene Kommandos

Falls mehrere Hunde im Haushalt leben, verwenden wir verschiedene Kommandos für die gleiche Aktion. Damit wird erreicht, dass sich bei „Kusch“ nur Filou hinlegt, die beiden anderen Hunde sich aber nicht angesprochen fühlen. Es käme ja auch kein Mensch auf die Idee, wenn er drei Hunde hätte, allen denselben Namen zu geben.

## 65 Erste Schritte zum „Platz“

Zu Beginn habe ich Filou beigebracht, was das Wort „Kusch“ für ihn bedeutet. Dazu den Befehl laut aussprechen, mit einer Hand die Abwärtsbewegung machen und mit der anderen Hand den Hund runter drücken. Besonders zärtlich ist die Methode, mit einer Hand auf den Rücken zu drücken und mit der anderen Hand gleichzeitig die Vorderläufe wegzuziehen. Liegt er dann unten, wird er mit der Hand weiterhin runtergedrückt und bekommt ein Leckerli, bis er den

Leine straff halten und mit dem Fuß nahe der Halsung runterdrücken.

Befehl begriffen hat. Wenn das der Fall ist, wird er sich dennoch nicht hinlegen wollen. Nun wird die Aufforderung zum Hinlegen unterstützt, indem man nah am Halsband auf die Leine tritt, das andere Ende der Leine straff hält und somit Zwang ausübt. Hört sich grausam an, tut aber nicht weh. Neben dem Effekt, dass der Hund sich sofort hinlegt, behält der Hundeführer dabei seine große Statur und muss sich nicht bücken.

## 66 Eigene Körpergröße nutzen

Die eigene Körperhaltung muss Überlegenheit zeigen und somit den Hund beeindrucken. Wenn es irgendwie geht, darf man sich bei keiner Übung zur Unterordnung zum Hund hinunterbeugen.

## 67 Übungen zwischendurch auflockern

Nach jeder Übung wird eine Ehrenrunde gegangen, damit der Kleine sich sammeln kann. Zwischendurch wird beispielsweise mal das einfache Kommando „Sitz“ genutzt, das er ja schon beherrscht. Dafür gibt es dann als Belohnung ein kleines Leckerli. Das lockert die Situation auf. Nach einigen Metern wieder „Platz“. Sobald der Lehrling sich freiwillig hinlegt, wird er anschließend abgeliebelt, darf aufstehen und es gibt eine Belohnung. Diese Übung wird nicht länger als zehn Minuten am Tag ausgeführt. Nach wenigen Tagen ist man soweit, dass der künftige Jagdhund sich freiwillig hinlegt. Er muss nicht den Kopf am Boden haben, aber er muss liegen. Künftig wird Wert darauf gelegt, dass die Liegephasen bis zu einer Minute ausgedehnt werden. Der Hundeführer muss um

Nach einiger Zeit klappt „Platz“ ganz gut.

Mit einer Hand den gegenüber befindlichen Vorderlauf nehmen ...

den Hund herumgehen, dessen Körper überschreiten und sich auch einige Meter entfernen können. Immer noch ist die Leine dabei im Einsatz, denn auf keinen Fall darf der Hund wegrennen und als Sieger aus dieser Übung hervorgehen. Zum Beenden des Kommandos wird der Hund mit der Hand berührt. Erst dann darf er aufstehen und wird belohnt: mit einem kleinen Happen und lieben Worten. Jede Übungseinheit muss mit einem Erfolg enden! Notfalls sollte man einen Schritt zurückgehen machen, um den Erfolg zu erreichen.

## 68 Schulterwurf zum „Platz“

Trotz aller Bemühungen, den Schüler in die „Platz“-Haltung zu bringen, gibt es einige Hunde, die sich permanent dem Kommando verweigern. Hier hilft nur sofortiges Umwerfen des Schülers. Hauptsache ist, dass der Hund

... den Lauf zu sich ziehen ...

... und der Hund kippt um.

am Boden liegt, notfalls auch auf der Seite. Damit ist für mich als Trainer das Kommando erst einmal ausgeführt. Der Junghund wird sich daraufhin nach einigen Sekunden schon selbst in eine ordentliche Lage bringen. Das heißt, er wird sich dann aufrecht hinlegen, wie ich das von ihm erwarte. Der Labrador Bruno, Hund von Freundin Heike, hat sich ewig geweigert, das Kommando „Platz" auszuführen. Ich zeigte ihr, wie sie den Schulterwurf anwendet. Die wirksame Übung tut nicht weh, ist aber für den Schüler sehr beeindruckend. Die Umhängeleine wird über die Schulter gelegt. Dann greife ich mit der rechten Hand unter dem Hundekörper hindurch und ziehe den gegenüber befindlichen Vorderlauf zu mir. Gleichzeitig drückt meine linke Hand gegen den hinteren Rücken. Innerhalb einer Sekunde liegt der Hund am Boden. Die Übung haben wir dreimal wiederholt und fortan hat Bruno sich sofort nach dem verbalen Kommando hingelegt.

Heikes Hund Bruno weigerte sich vehement „Platz" zu machen. Nach dem zweiten Schulterwurf genügte das Kommando.

Manchmal muss zu überzeugenden Mitteln gegriffen werden.

## 69 Ablegen

Das Folgetraining nach dem „Platz“ ist das Ablegen. Bei vielen Gelegenheiten im jagdlichen Alltag und auch im privaten Bereich ist diese Übung von großer Bedeutung. Beispielsweise sehe ich bei einem Reviergang ein dreiläufiges Stück Schalenwild, das ich schon seit Monaten erlösen wollte. Beim Anpirschen bin ich allein schon zu viel, da muss nicht noch ein Hund dabei sein. Also: ablegen. Der Anspruch ist hoch, denn selbst nach dem Schuss soll der Hund liegen bleiben. Im Grunde genommen wird das Kommando „Platz“ einfach nur ausgedehnt; und doch gibt es einen Unterschied: „Platz“, „Stopp“ oder „Halt“ soll auf Dauer auch auf Entfernung funktionieren. Das Ablegen passiert jedoch zunächst nah am Chef. Und dann erst wird es schwierig für den Schüler. Es ist so ganz und gar nicht seine Art, allein zu bleiben. Er ist ein Rudeltier und möchte eigentlich immer mit dabei sein, vor allem, wenn der Alte sich anpirscht. Daher ist das Ablegen eine anspruchsvolle Übungseinheit.

## 70 Zuerst in der Gruppe

Um die Übung zum Ablegen zu Beginn für den Schüler verständlicher zu machen und erheblich zu erleichtern, sollte man einen oder zwei andere Hunde hinzuziehen, welche die Übung bereits beherrschen. In Gesellschaft dieser alten Hasen fällt es einem Welpen leichter, liegen zu bleiben und die Übung zu verstehen.

## 71 Immer in Blickrichtung ablegen

Im zweiten Schritt der Übung zum Ablegen habe ich Filou zunächst an einem Pfahl angebunden. Das Hinlegen auf Kommando hatte er bereits gelernt. Erst als ich begann mich zu entfernen, habe ich das Kommando „Ablegen“ hinzugefügt. Besonders wichtig ist, dass der Hund mit Blickrichtung zum Hundeführer abgelegt wird. Der Hund muss sehen können, wohin ich gehe, um ruhig liegen zu bleiben. Würde ich ihn

Der Neuling Filou, 2. v. r., lernt in der Gruppe leichter.

Kleine Krabbler, wie beispielsweise Ameisen, können das Ablegen des Hundes verhindern.

mit der Hinterseite zu mir ablegen, würde er sich schon bald drehen, was er ja nicht soll. Zunächst rückwärtsgehend entfernte ich mich immer weiter. Sobald Filou aufstand, brüllte ich den Befehl und lief schnell wieder auf ihn zu, um ihn erneut runterzudrücken. Wieder Rückwärtsgang, bis er wenigstens drei Minuten liegen blieb, alles noch auf Sicht. Dann ging ich zum Hund, umrundete ihn ein Mal, berührte ihn mit der Hand. Er durfte aufstehen, wurde belohnt und ordentlich abgeliebelt. Die Zeit des Ablegens wurde von Tag zu Tag verlängert.

## 72 Ort des Ablegens mit Sorgfalt wählen

Beispielsweise Ameisen können den abgelegten Hund zur Verzweiflung treiben. Also bitte den Platz vor der Übung genau untersuchen! Achtet man nicht darauf, so kann es sein, dass der Hund auf einer Ameisenbahn liegt. Das finden die kleinen Krabbler nicht gut und greifen an.

## 73 Nie aus dem Ablegen zu sich abrufen

Manche Hundeführer machen aus meiner Sicht den Fehler, ihren abgelegten Hund nach einiger Zeit zu sich zu rufen. Dadurch kommt in den kleinen Jagdhelfer keine Ruhe. Ständig wartet er auf den erlösenden Pfiff seines Herrn. Die Muskulatur der Hinterläufe zuckt beständig in der Erwartung, bald hinterher rennen zu dürfen. Solch ein Schüler ist auch geneigt, jedes Vogelgezwitscher in der Natur als Zuruf auszulegen. Nach dem Ablegen wird der Hund immer persönlich abgeholt! Er darf erst aufstehen, wenn er mit der Hand berührt wurde. Manche Hunde, wohl wissend, dass sie auf jeden Fall abgeholt werden, egal, wie lange es dauert, richten sich auf eine längere Wartezeit ein und legen sich auf die Seite.

## 74 Durch Fehler lernen

Es ist beim Training des Ablegens unbedingt notwendig, dem Schüler verschiedene Verleitungen zu präsentieren. Ein Helfer beobachtet dazu den abgelegten Hund vom Hochsitz aus. Der Ausbilder entfernt sich außer Sichtweite, etwa in den Wald oder hinter einen Hügel. Der Helfer informiert den Hundehalter per Handy, sobald der Vierbeiner aufsteht. So kann der laute Befehl und die nötige Einwirkung erfolgen. Im nächsten Schritt versteckt sich ein Helfer im Wald, unter Wind, hinter einem dicken Baum. Der Hund wird auf einer kleinen Decke abgelegt. Dabei befindet sich an der Halsung eine lange Feldleine, die locker am Boden liegt, aber am Baum befestigt ist. Der Hundehalter entfernt sich anschließend. Sobald der Hund aufsteht, springt der Helfer mit lautem Gebrüll hervor und bringt den Hund wieder an seinen Platz. Künftig wird der Hund immer damit rechnen, dass er beobachtet wird. Sobald erreicht wurde, dass der vierbeinige Schüler eine halbe Stunde liegen bleibt, immer noch unter Beobachtung, werden weitere Verleitungen eingebracht. Zunächst der Schuss, nach

Die härteste Prüfung für das Ablegen.

Der Helfer versteckt sich unter Wind.

Die Dressurangel verleiht dem Stofftier Leben, trotzdem soll der Hund liegen bleiben.

Wer jetzt liegen bleibt, hat schon etwas gelernt.

der halben Zeit des Abliegens. Dann fährt ein weiterer Helfer mit dem Fahrrad auf einem Waldweg am Hund vorbei. Damit jedoch nicht genug: An einer dünnen Schnur zieht der Radfahrer ein großes Stofftier hinter sich her. Da springt fast jeder Hund auf. Eine super Gelegenheit, dass Helfer Nr. 1 wieder eingreifen kann. Eine ganz fiese Verleitung zum Aufstehen ist, mit Hund und Auto zum vorbereiteten Platz zu fahren. Der Hund wird dort abgelegt, der Hundeführer steigt wieder ins Auto und fährt weg. Wieder muss der Helfer einschreiten. So können die Verleitungen Stück für Stick gesteigert werden.

## 75 Sitz auf Entfernung

Beim Ablegen hat Filou gelernt, sich auf Kommando hinzulegen. Damit er begriff, diesen Befehl auch auf Entfernung auszuführen, ging ich einen kleinen Schritt zurück und griff auf das Kommando „Sitz" zurück, in diesem Fall „Sitz" auf Entfernung. Es fällt einem jungen Hund deutlich leichter, sich hinzusetzen als sich hinzulegen. Deshalb ist das „Sitz" auf Entfernung eine vorbereitende Übung für das „Platz" auf Entfernung. Es geht darum, dass die Übung auch aus der Bewegung heraus ausgeführt wird. Deshalb bat ich zunächst eine Freundin um Hilfe. Ich blieb an einem festen Ort stehen und die Helferin ging mit dem Hund an der Leine ein ganzes Stück weg. Dann machten beide kehrt und kamen auf mich zu. Als sie bis auf fünf Meter heran waren, hob ich den Zeigefinger und rief laut: „Sitz". Filou schaute die Helferin fragend an: „Was will der denn?" Seine Begleiterin brachte ihn jedoch umgehend ins „Sitz" und der Fall war klar. Bei der Wiederholung der Übung setzte Filou sich sofort hin. Im weiteren Verlauf wurde die Entfernung je um zwei Meter erhöht.

## 76 „Platz“ auf Entfernung

In gleicher Weise übten wir bereits wenige Tage später das „Platz“ auf Entfernung. Bei geringstem Zögern Filous brachte die Helferin ihn sofort in die Bodenlage, Filou sollte gar keine Wahlmöglichkeit haben. Er soll einfach nur dem Befehl gehorchen, denn dieser kann später für ihn lebensrettend sein. Falls er nämlich mal von der anderen Straßenseite auf mich zukommen will, und es sind etliche Autos unterwegs, ist ein Unfall nahezu unvermeidbar. Mit Helferin an der Leine klappte das Training schon ganz gut. Damit Filou die Übung auch ohne Hilfsperson ausführt, ist weitere Arbeit nötig.

## 77 Auch der Hundeführer muss aus Fehlern lernen

Aus Fehlern lernen, das ist immer gut! Nicht nur für den Hund, sondern auch für den Hundeführer. Bei einer früheren Ausbildung zum Befehl „Platz“ auf Entfernung, habe ich den Labrador Bella mit langer Leine bestückt. Das andere Ende der Leine war an einem Baum befestigt, neben dem der Hund saß. Ich bin dann 50 Meter weit weggegangen und habe Bella aus dem Sitz abgerufen. Freudig kam sie auf mich zu gerannt. Kurz bevor die lange Leine den rasanten Lauf des Hundes bremsen musste, rief ich laut und deutlich den Befehl „Platz“, bei erhobener Hand. Bella wurde derbe durch die Leine gebremst und legte sich augenblicklich hin. Zunächst war ich überzeugt, einen ersten Ausbildungsfortschritt erreicht zu haben, aber zu einer Wiederholung des vielversprechenden Trainings kam es nicht mehr. Alles, was meine Hündin bei dieser Übung gelernt hatte, war, nicht mehr zu kommen, wenn ich sie rief. Es dauerte lange, bis ich das Vertrauen der Hündin in mich wieder hergestellt hatte.

„Platz“ aus Entfernung klappt nur mit einer Helferin.

## 78 Anti-Dominanz-Training

Jeder Hund versucht im Laufe seines Lebens in der Hierarchie der Familie oder des Rudels weiter aufzusteigen. Darum ist die eigentliche Ausbildung, die das Verhältnis zwischen Mensch und Hund regelt, eigentlich nie beendet. Sie muss konsequent im Alltag fortgeführt werden. Dabei sind es meist kleine Dinge und Verhaltensweisen, die dem Hund Tag für Tag klar machen, wer der Chef ist. Das Wichtigste für einen Welpen ist der Kontakt im Rudel und in der Familie. Er leidet nicht darunter, gehorchen zu müssen. Manche Hundebesitzer glauben, wenn sie streng mit ihrem Hund umgehen, dann mag er sie nicht mehr leiden. Das Gegenteil ist der Fall. Strenge – im richtigen Moment – muss aber immer vom Hund verstanden werden! Dann wird sie akzeptiert und führt nicht zu Handscheue. Schon Altmeister Hegendorf stellte sich immer wieder die Frage: „Wie sag ich's meinem Hunde?" Recht hatte er! Der Hundeführer muss denken wie ein Hund. Nur so kann er seinen besten Freund fürs Leben richtig behandeln. Kopfhund muss immer

Bei jeder Gelegenheit geht der Hundeführer zuerst durch eine Tür.

der Hundeführer sein und auch bleiben, egal, was er für einen Rabauken an der Leine führt. Nachdem der Welpe das Gehorsamstrainig erfolgreich durchlaufen hat, ist es ja zunächst keine Frage, wer der Chef ist. Damit das aber auch immer so bleibt, muss der Hundeführer im täglichen Leben auf einiges achten. Es mag sich eigenartig anhören, aber ich sehe immer wieder Hundeführer, die ihrem Vierbeiner einen Befehl geben, sich jedoch anschließend nicht davon überzeugen, ob dieser auch ausgeführt wird. Besonders oft geschieht das, während sich der Hundeführer mit einer anderen Person unterhält. Im Hundekopf mag dann Folgendes vorgehen: ‚Ah, der Alte achtet nicht auf mich, dann kann ich ja wieder aufstehen. Beim nächsten Mal setz ich mich gar nicht erst hin!' Wenn der zukünftige Jagdhund erst einmal gelernt hat, dass er so mit seinem Menschen umgehen kann, dann wird er den nächsten Befehl höchstwahrscheinlich ignorieren.

## 79 Zuerst durch die Tür

Eine Unart der meisten Hunde ist es, sofort und als erster durch jede Türöffnung zu rennen. Beobachtet man die Vierbeiner untereinander, so stellt man fest, dass der dominanteste Hund immer zuerst durch eine offene Tür geht. Dabei schiebt er den Rangniederen zur Seite. Um also dem Jagdhelfer mehrmals am Tag zu zeigen, wer der Chef ist, durchschreite ich als Mensch immer zuerst die offene Tür. Der Hund muss zurückbleiben, sich notfalls setzen. Um dieses lästige Prozedere zu vermeiden, wird er demnächst freiwillig seinem Chef den Vortritt lassen. Außerdem kommt es mindestens genauso häufig vor, dass der Hund nicht mitgehen soll. Der strenge Befehl: „Dableiben" – unterstützt durch schnelles Schließen der Tür – wird schon bald begriffen.

Das Öffnen der Heckklappe ist keine Aufforderung zum Rausspringen.

Es springt nur der Hund aus dem Auto, dessen Name genannt wurde.

## 80 Im Auto bis zur Aufforderung

Ich sehe es immer wieder: Die Heckklappe des Autos ist noch nicht ganz geöffnet, da sausen bereits die Hunde heraus. Durch dieses Verhalten kann es rasch zu schweren Unfällen kommen. Eine sich öffnende Autotür darf für den Hund niemals eine Aufforderung zum Herausspringen sein! Dagegen hilft ein einfaches Training: Der Hund sitzt im Auto, die Tür wird nur einen Spalt weit geöffnet. Schon versucht der unerzogene Hund, seinen Kopf durchzustecken. Sofort wird die Tür wieder zugedrückt, auch auf die Gefahr hin, dass der Hundekopf die Berührung als unangenehm empfindet. Das wird einige Male wiederholt. Der Hund wollte eigentlich mit seiner Aktion erreichen, dass die Tür noch schneller geöffnet wird. Nun hat er das Gegenteil erreicht. Bereits nach wenigen Übungen wird der Vierbeiner brav auf seinem Platz warten, bis er nach dem Anlegen der Leine und einer Berührung mit der Hand zum Aussteigen aufgefordert wird.

## 81 Bei Berührung aussteigen

Die Berührung mit der Hand ist zusätzlich hilfreich, wenn mehrere Hunde im Fahrzeug sitzen und nur einer das Auto verlassen soll. Also den Namen nennen und den Hund mit der Hand berühren. Die anderen Vierbeiner haben im Kofferraum sitzen zu bleiben.

Erst wenn ich in die Hände klatsche, darf Filou an den Napf.

## 82 Geduld am Fressnapf

Sobald es ums Futter geht, hört bei vielen Hunden der Spaß auf. Darum ist die tägliche Futtergabe ein gutes Ritual, um das Anti-Dominanz-Training durchzuführen. Der gefüllte Futternapf steht auf dem Tisch. Filou lasse ich „Sitz“ und „Bleib“ machen, stelle dann den Futternapf etwa einen Meter entfernt vor ihm auf den Boden. Filou darf sich nicht von der Stelle rühren. Macht er es doch, kommt der Futternapf wieder auf den Tisch und der Hund wieder an seinen Platz. Das Prozedere wird wiederholt. Filou bleibt sitzen und ich nehme eine spezielle Körperhaltung ein, etwa wie ein Tennisspieler, der auf den gegnerischen Aufschlag wartet. Erst wenn ich in die Hände klatsche und dann mit einer Hand eine auffordernde Bewegung mache, darf der Hund an den Napf. Klappen muss diese Übung mit allen Futterarten. Sind manche Hunde noch relativ gelassen, wenn es um Futterpellets geht, so finden sie das Training höchst überflüssig, wenn sich frische Pansenstücke im Napf befinden.

## 83 Knochen abnehmen

Es ist eine besonders nachhaltige Übung, dem Welpen einen Knochen zum Abnagen zu geben und ihm diesen nach zehn Minuten wieder abzunehmen. Das geschieht mit dem nötigen Nachdruck, falls der Kleine den Knochen behalten will und knurrt. Viele Welpen leisten bei der Abnahme hingegen gar keinen Widerstand.

Jederzeit muss der Hund sich vom Chef einen Knochen oder eine Pansenrolle abnehmen lassen.

## 84 Kopfhund vermeiden

Ich habe im Laufe der Jahre auch schon Fälle erlebt, da haben Jagdhunde ihrem Jäger nicht nur dessen eigene Verpflegung streitig gemacht, sondern sie waren auch keineswegs bereit, die gemeinsame Beute herauszurücken. Nach erfolgreicher Schweißarbeit haben sie dem Menschen am anderen Ende der Leine unmissverständlich klargemacht, wem die Beute zusteht, indem sie ihm ins Bein gebissen haben. Der Fall zeigt auf, wie wichtig das Anti-Dominanz-Training bereits beim Welpen und beim Junghund ist. Ein dramatisches Versäumen und Versagen bei der Hundeerziehung führt zu solchen Zuständen. Typisch für solche Hunde, die zum Rudelführer aufgestiegen sind, ist auch das Verhalten, ihren Menschen nicht mehr in das Auto einsteigen zu lassen, nachdem sie es sich dort bequem gemacht haben. Das wird durch Zähne fletschen und knurren kundgetan. Was der kleine, niedliche Welpe nicht gelernt hat, das lernt der alte Hund kaum noch. Im schlimmsten Fall droht ihm das Einschläfern wegen krankhaften und gefährlichen Fehlverhaltens. Den Fehler hat jedoch der Mensch in aller Regel zuvor gemacht.

## 85 Nicht anspringen

Sehr beliebt bei Hunden ist das Anspringen und somit freudige Begrüßen der eigenen Menschen, aber auch der Gäste, die sie bereits kennen. Als Hundeführer kann ich mich einerseits über diese Geste meines Hundes freuen. Anders sieht es jedoch aus, wenn ich eine Einladung habe und trage gerade meinen besten Anzug. Wenn der dann voller matschiger Pfotenabdrücke ist, kommt keine Freude auf. Der Hund kann nicht unterscheiden, wann er mich anspringen darf und wann nicht. Unterm Strich muss das Anspringen abgestellt werden. Bei mir selbst geht das Abstellen ganz schnell. Entweder nehme ich beim Anspringen sofort mein Knie hoch, oder ich halte den Hund an nur einer Pfote fest. Schnell gerät der Hund ins Ungleichgewicht. Bereits nach wenigen Sekunden ist der Vierbeiner kuriert. Aber nur was mich angeht. Theoretisch muss ich alle Gäste bitten, sich genauso zu verhalten. Am besten wird das in der Hundeschule geübt.

JAGDLICHE
AUSBILDUNG

# TIPPS – FÜR DIE JAGDLICHE AUSBILDUNG DES HUNDES

Neben dem Grundgehorsam muss ein Jagdhund in seiner Ausbildung auch im jagdlichen Handeln ausgebildet werden. Für Erstlingsführer kann das eine echte Herausforderung sein, die mit ein paar Tipps und Tricks aber gut zu meistern ist.

## 86 Hasenrein – kein Zauberwerk

Um Filou hasenrein zu bekommen, sollte er wegen zuvor provozierten Ungehorsams seinen Sitz-Platz selbst verlassen, ohne Aufforderung. Hilfreich war dabei die Dressurangel. Der zappelnde Teddybär an der Angel erweckte sofort den Beutetrieb des Terriers. Er schoss vor, und bevor die Leine ihn bremste, rief ich laut den Befehl „Platz". Im weiteren Verlauf ging ich mit Filou über abgeerntete Felder. Die lange Leine verband uns. Sobald ein Hase aufsprang, vergaß er, dass er an der Leine war und rannte los. Mein lautes „Platz" bremste ihn eindrucksvoll, weil die Leine nicht mehr hergab.

Hasen üben auf Jagdhunde eine besondere Faszination aus. Um den Vierläufer hasenrein zu bekommen, ist Ausbildungsarbeit nötig.

## 87 Welpe auf der künstlichen Fährte

Zugegeben, ein Terrier ist von der Rasse her kein typischer Schweißhund. Gleichwohl ist er ein vollwertiger Jagdhund und von seiner Nasenleistung her durchaus in der Lage, die geforderte Arbeit zu erbringen. Auch „echten" Schweißhunden geht manchmal die Passion durch, so dass die ruhige Arbeit voller Konzentration auf der Strecke bleibt. Allen Hunderassen, die zur Schweißarbeit eingesetzt werden, ist eines gemeinsam: Ausschließlich durch Erfahrung werden sie im Endeffekt begreifen, dass keine noch so reizvolle Ablenkung, sondern nur die eine Fährte sie zum Erfolg führt. Die ersten Lebenserfahrungen sind für einen Hund enorm wichtig und er ist offen für alles Neue. Deshalb kann mit dem Welpen bereits auf der künstlichen Fährte gearbeitet werden, um den Horizont des Hundes zu erweitern.

## 88 Zusammen auf der künstlichen Fährte

Im Idealfall haben wir einen Hund zur Verfügung, der bereits die Arbeit auf der Kunstfährte beherrscht. Sei es nun ein eigener, oder der Hund eines Jagdfreundes. Sobald dieser alte Hase trainiert, darf der Welpe unangeleint mitlaufen. Falls wir ihm mehrfach diese Gelegenheit bieten können, wird er bereits im zarten Alter den Zusammenhang von Riemenarbeit, Fährte, Hundeführer und Beute erkennen.

## 89 Nasenleistung bei der Schweißarbeit

Als Hundeführer neigen wir dazu, unserem Vierbeiner, was die Leistung seiner Nase angeht, nicht allzu viel zuzutrauen. Das mag daran liegen, dass unsere eigenen Nasen im Laufe der Evolution verkümmert sind, zu einem Restvermögen, das uns ermöglicht, nur extreme Düfte voneinander zu unterscheiden. Doch selbst ein Junghund ist in der Lage, die Fährte einer ganz bestimmten Sau oder die Wittrung eines ganz bestimmten Hirsches aus der Masse von Rotten oder Rudeln derselben Spezies herauszufiltern. Unsere Kunst als Hundeführer besteht lediglich darin, uns diese herausragende Fähigkeit nutzbar zu machen.

## 90 Spiel als Belohnung

Vertreter kleiner Hunderassen sind besonders frühreif. Jeder Tag, an dem ein kleiner Terrier nicht zur Ausbildung herangezogen wird, ist ein verlorener Tag. Filou ist da keine Ausnahme. Schon in der ersten Woche im neuen Zuhause stellte ich fest, dass er ganz besonders gern auf

Die Dressurangel ist für die meisten Hunde ein Riesenspaß.

die Dressurangel ansprach. Dabei wird ein Stofftier oder ein Stück Rehdecke mit einem zwei Meter langen Stock und einer Schnur zum Leben erweckt. Der Hund darf den Gegenstand hetzen und zuletzt auch fangen. Am Ende einer künstlichen Fährte kann dieses heiß geliebte Spiel dann als Belohnung eingesetzt werden.

## 91 Ziel: Verleitungen ignorieren

Oft ist es die Regel, dass die Brauchbarkeitsprüfung für viele Hunde die einzige Möglichkeit ist, Behörden und Versicherungen gegenüber einen Nachweis für ihre jagdliche Eignung zu erbringen. Bereits in der Ausschreibung wird die Form der geforderten Schweißarbeit angegeben. Wird der Schweiß getropft oder getupft, gibt es eine Kombination zwischen Fährtenschuh und

Schweiß? Darauf muss sich der Hundeführer bei der Einarbeitung einstellen. Außerdem benötigt der Hundeführer Glück! Allen Prüflingen ist eines gemeinsam: Verleitfährten üben einen ganz besonderen Reiz aus. Manche Prüflinge stoßen auf Verleitungen, andere nicht. Am gemeinsten ist es, wenn der erste Hund arbeitet, dabei Rehwild aus dem Bett hoch wird und über die folgenden Prüfungsfährten flüchtet. Darum ist es eine der Hauptaufgaben, den Junghund dazu zu bringen, Verleitungen zu ignorieren.

## 92 An Verleitungen gewöhnen

Es mag absurd klingen, aber der möglichst häufige Besuch von frei begehbaren Wildgattern ist für die spätere Fährtenarbeit Gold wert. Sind die vielen Fährten verschiedener Wildarten, die über die Wege führen, zu Beginn noch sehr interessant für den Welpen oder den Junghund, so stumpft er mit häufigen Besuchen eines oder verschiedener Wildparks immer mehr ab. Selbst der Anblick von Wild, wie er im Park oft vorkommt, wird irgendwann uninteressant für den vierbeinigen Schüler. Wichtig ist, dass die Ausrüstung in einem sehr guten Zustand ist. Der junge Hund darf auf keinen Fall sein Köpfchen im Rückwärtsgang aus der Halsung ziehen. Darum unbedingt eine Kettenhalsung verwenden, die sich zuzieht.

## 93 Halsung oder Brustgeschirr?

Eine der schwierigsten Übungen für den temperamentvollen Junghund ist die Leinenführigkeit. Dabei werden eine Halsung benutzt und eine Umhängeleine, an der er nicht zerren darf. Da der Junghund bei der Schweißarbeit die Richtung angeben soll und auch an der Leine ziehen

Jetzt weiß der Hund was kommt!

darf, verwende ich für diesen Zweck jedoch immer ein Brustgeschirr. Es fällt dem Lehrling dann auch deutlich leichter, die Nase am Boden zu gebrauchen. Nach einigen Übungen verbindet der Welpe das Anlegen des Brustgeschirrs sofort mit dieser Arbeit und stellt sich darauf ein. Als Schweißleine verwende ich gern eine aus sogenannter Biothane. Das ist ein flexibler, leichter Kunststoff, der sich nicht mit Wasser vollsaugt.

## 94 Erste Arbeit mit Erfolg!

Die erste Arbeit, die Filou mit seiner Nase erbringen sollte, war eine 20 Meter lange Schleppe.

Die Entfernung habe ich so kurz gewählt, damit Filou auch zum Erfolg kommt. Zwar hat die Fährte, gezogen mit einer frischen Rehdecke, eine besondere Faszination, jedoch lässt bei einem Welpen die Konzentration recht schnell nach, und er sollte bei der ersten Aufgabe auf jeden Fall am Ende seine Belohnung finden. In diesem Fall war das die duftende Rehdecke und darunter ein Fressnapf mit Frischfleisch. Für einen Welpen, der sonst immer nur Pellets bekommt, ist Hackfleisch vom Reh etwas ganz Besonderes.

## 95 Satt machende Belohnung

Zu diesem Zweck habe ich einen auf der Straße ums Leben gekommenen Rehbock komplett durch den Wolf gedreht, portionsweise in Tüten abgefüllt und eingefroren. Diese Leckerei sollte es fortan nur noch für die gelungene Arbeit geben. Viele Hundeführer haben diesbezüglich Bedenken. Sie befürchten bei Fütterung des Hundes mit Wildbret, dass der Vierbeiner zum Anschneider wird, also von verendetem Wild frisst. Ich bin da anderer Ansicht, ich halte das für eine Sache der Erziehung. Als Belohnung wird Filou später auf alle Fälle das Herz des gefundenen Stücks bekommen. Für die Ausbildung des Welpen reicht kein Leckerli am Ende der Fährte. Der Kleine muss sich vollludern können. Das Erlebnis des Sattseins prägt. Neben der Leckerei durfte Filou als Belohnung dann auch noch an der Dressurangel arbeiten. Im Lauf der Zeit verlor er jedoch immer mehr das Interesse an der Dressurangel, so dass der Fressnapf das Wichtigste für ihn wurde. Die Länge und Stehzeit der Schleppe mit der Rehdecke dehnte ich nach und nach aus, so dass der kleine Jagdhund bald 200 Meter Schleppe mit zwei rechtwinkligen Haken wunderbar arbeitete. All das fand jeden zweiten Tag in verschiedenen Wiesen statt. An den Arbeitstagen gab es kein Frühstück für den Kleinen, was die Fähigkeit zur Konzentration noch steigerte. Bevor ich zur Arbeit auf der Schweißfährte überging, zog ich Schleppen mit einem Stück Lunge.

Wildbret vom überfahrenen Reh durch den Wolf drehen, vakuumieren und einfrieren.

## 96 Ausbildung ohne Korrektur

Schon nach drei Wochen legte ich die erste Fährte mit echtem Schweiß vom Reh. Nicht zu lang, nicht zu schwer, damit Filou auch hier, bei der ersten Arbeit, wieder zum Erfolg kam. Bereits die nächste Fährte legte ich im Wald. Ich nahm mir fest vor: Ich werde keine einzige Fährte mehr durchgehend auszeichnen, also durch Markierungen an Bäumen kennzeichnen. Auf diese Weise bin ich selbst nicht abgelenkt und kann mich voll auf den Hund konzentrieren.

Außerdem hat diese Form der Einübung den Vorteil, dass der Hund das Stück finden muss, und nicht dorthin lanciert wird. Da es bei fehlendem Erfolg kein Fresschen gab, fand Filou fortan eigentlich immer zum Stück. Da ich weiß, dass ich bei Prüfungen aufgeregter bin als mein Hund, wollte ich auf diese Weise erreichen, dass ich mich voll und ganz auf meinen Filou verlassen kann.

## 97 Verhalten des Hundes studieren

Ich studiere immer wieder das Verhalten des Hundes auf der Fährte Wie benimmt er sich, wenn er sich selbst korrigiert? Was macht er bei einer Verleitfährte? Wie ist die Körperhaltung, falls er völlig von der Fährte abgekommen ist? Ein Hund hat in solchen Fällen eigentlich immer eine deutliche Körpersprache. Ich muss die Zeichen erkennen, denn die spätere Hundeprüfung ist keine Übung, die man einfach mal so abbricht. Ich möchte mit meinem Jagdkumpel bestehen und uns im Fall der Fälle selbst korrigieren, bevor die Prüfer das tun.

## 98 Ein Tag ist nicht wie der andere

Ich habe manchmal erlebt, dass Filou am Vorabend der Fährtenarbeit keinen Appetit hatte. Eine Magenverstimmung, wie sie schon mal vorkommen kann. Die Folge davon war, dass er am nächsten Morgen die künstliche Fährte ignorierte. Damit muss der Hundeführer leben – Ende der Arbeit. Keine Arbeit – keine Belohnung! Pech nur, wenn das am Prüfungstag so ist. Kann passieren, da hilft dann aber auch kein Zwang.

## 99 Schweiß oder Blut?

Schweiß von Rehwild ist nicht ständig verfügbar. Deshalb kann für die Einarbeitung auch Blut vom Rind oder Hausschwein benutzt werden. Da bei den Brauchbarkeitsprüfungen Wildschweiß verwendet werden soll, der relativ intensiv duftet, hat es ein Hund, der mit der gleichen Menge Blut von Nutzvieh eingearbeitet wurde, am Prüfungstag etwas leichter und interessanter, weil der intensive Duft vom Wildschweiß ihn neugierig macht.

## 100 Schweiß oder Blut aufbereiten

Frisches Blut aus der Metzgerei oder Schweiß vom Wild wird mit Salz angereichert und fleißig gerührt. Vor dem Abfüllen in Portionen und

Frisches Blut oder Schweiß werden mit Salz verrührt.

vor dem Einfrieren muss der rote Saft durch ein Tuch gefiltert werden. Ich fülle immer 250 Gramm Schweiß oder Blut in die Gefrierbeutel. Das ist die Menge, die auch später üblicherweise bei der Prüfung verwendet wird.

## 101 Schweiß oder Blut mit Wasser verdünnen

Da die Stehzeit der Prüfungsfährte über Nacht andauern soll, muss auch immer damit gerechnet werden, dass es die ganze Nacht hindurch regnet. Ich bin deshalb dazu übergegangen, 250 Gramm Übungsblut mit derselben Menge an Wasser zu verdünnen. Erstens ist die Verteilung der Flüssigkeit auf 600 Meter Fährtenlänge einfacher, und zweitens lernt der Hund, eine Fährte mit verwässertem Schweiß zu arbeiten. Zwischendurch gibt es immer mal eine Fährte mit purem Schweiß. Dann liegen die Tropfen oder Tupfer weiter auseinander. Beides muss der Hund problemlos meistern.

## 102 Tipp 102: Hundeführer wechseln

Um die Arbeit des Prüfungsaspiranten noch stärker in den Vordergrund zu stellen, lasse ich gern Frauchen am Riemen hinterherlaufen. Beate hat wirklich keinen Schimmer, wie der Fährtenverlauf ist. So führt Filou sie zum Stück, und das ist dann immer ein besonderes Erlebnis. Im Fall des Versagens wird die Arbeit abgebrochen. Mit hungrigem Magen geht es am Abend ins Körbchen, um gleich am nächsten Tag eine neue Chance auf einen übervollen Napf zu bekommen. Das ist artgerecht. Rein anatomisch verfügt der Hund über einen Dehnungsmagen, der ihm hilft, Nahrungsengpässe zu überwinden.

Der Schweiß wird 1:1 mit Wasser verdünnt.

## 103 Da wird einer erwachsen

Das Erreichen der Geschlechtsreife kann beim Hund zu Rückschlägen in der Ausbildung führen. Hat er als Welpe noch voller Hingabe gearbeitet, so interessiert er sich mit zunehmendem Alter zusätzlich für alles Mögliche und lässt sich leichter ablenken. Darum ist es wichtig, dass aus Sicht des Hundes sein Überleben von der erfolgreichen Arbeit auf der künstlichen Schweißfährte abhängt.

## 104 Keine echte Fährte vor der Prüfung

Warum darf der Junghund vor der Prüfung noch keine natürliche Schweißfährte, etwa eines krankgeschossenen Bockes, arbeiten? Diese Aufgabe ist derart spannend, dass er das Interesse an einer Kunstfährte durchaus verlieren kann. Vorzeitiger Einsatz im echten Jagdbetrieb gefährdet den Prüfungserfolg!

## 105 Künstliche Fährte – künstliche Verleitungen!

Nach Ablauf der geplanten Stehzeit der Fährte baue ich an extra markierten Wegpunkten der Fährte mithilfe des Fährtenschuhs künstliche Verleitungen ein. Dazu lege ich die Fährtenschuhe 30 Meter seitlich von der Übungsfährte an und überquere diese dann um weitere 30 Meter. Wichtig ist die Geländebeschaffenheit. Ich muss den „Tatort" verlassen können, ohne die Fährte noch weiter zu kontaminieren. Da ich nun genau weiß, wo die unsichtbaren, jedoch frischen Verleitungen liegen, kann ich bei der anschließenden Ausarbeitung entsprechend auf den Hund einwirken.

Beide glücklich nach gelungener Schweißarbeit: Hund Theo und Hundeführer Matthias

## 106 Hund kann nicht schwimmen

Nur einen einzigen Fall habe ich in meiner Laufbahn mit Hunden erlebt, bei dem ich den Plan, dass ein Hund schwimmen lernen soll, aufgeben musste. Teckeldame Rapunzel war besonnen auf der Schweißfährte, eifrig beim Stöbern und leidenschaftlich bei der Bauarbeit. Nur für die Wasserarbeit war sie nicht geeignet, obgleich keinesfalls wasserscheu. Als Welpe war auch ihr ein gewisser Schwimmreflex angeboren. Der Hundeführer kann das gut testen, indem er den Welpen oder den Junghund mit beiden Händen am Rumpf über eine mit Wasser gefüllte Badewanne hält. Im Normalfall beginnt der Welpe mit Schwimmbewegungen – dem Freiluftschwimmen. Rapunzel war bei diesem Test bereits anzusehen, dass sie extreme Schwierigkeiten hatte, die kleinen Läufe gleichmäßig zu bewegen. Im Wasser selbst, das Rapunzel oft freiwillig annahm, um ans andere Ufer eines Baches zu gelangen, geriet sie in dramatische Seitenlage und ging dann hoffnungslos unter. Zweimal musste ich die Hündin aus akuter „Seenot" retten und dafür selbst in voller Montur ins kühle Nass springen. In allen anderen Fällen, und das waren viele, erlernten die Hunde unter Anleitung nicht nur das Schwimmen, sondern auch die Freude an der Wasserarbeit. Grundsätzlich ist es so, dass ein

Mit dem Fährtenschuh künstliche Verleitungen anlegen.

Bereits ein Welpe, der noch nie im Wasser war, zeigt über dem Wasser die Anlage zum Schwimmen.

junger Hund zwar eigentlich schwimmen kann – er weiß es nur nicht. Unsicherheit, teils auch Angst, die er beim Anblick einer Wasserfläche empfindet, bringt ihn dazu, doch lieber am Ufer zu bleiben. Die Neugierigen unter den Probanden gehen wenigstens bis zum Bauch ins Wasser – tiefer jedoch nicht.

## 107 Welpen ans Wasser führen

Am einfachsten überwinden Hunde im Welpenalter die Angst vor dem Wasser. Ein befreundeter Züchter ging mit seiner Zuchthündin regelmäßig ans flache Ufer eines Sees, und der ganze Wurf hinterher. Bereits im zarten Alter von sechs Wochen lernten die kleinen Jagdhunde so das Wasser, und nach und nach auch das Schwimmen kennen. Die Welpen spielten zunächst am Ufer und folgten dann schon bald der Hündin in die tieferen Bereiche. Nicht jeder Züchter hat die Gelegenheit dazu, und oft ist auch die Jahreszeit unpassend. Im Winter kann und darf man den Welpen diese Erfahrung noch nicht zumuten.

## 108 Mit gutem Beispiel voran

Somit stellen viele Welpenkäufer erst spät fest, dass ihr Vierbeiner wasserscheu ist – trotz bescheinigter Wasserfreude der Elterntiere. Viele Hundeführer begeben sich dann selbst in einen See und locken den Vierbeiner hinterher. Oft klappt das auch. Genauso oft bleibt der angehende Wasserhund aber am Ufer sitzen und heult wie ein Wolf oder bellt sich die Seele aus dem Leib. Dann gibt es auch noch die gelassenen Ignoranten, die so tun, als ginge sie all das nichts

Alles gut gegangen, die Hunde folgen dem Ruf des Chefs.

an. Sie schnuppern am Ufer herum, heben hier und dort das Bein und drehen lieber immer größere Runden an Land. Emotional beteiligte Junghunde nehmen dann doch irgendwann das Wasser an, überwinden angesichts der Trennung von ihrem Rudelführer die Angst. Der angehende Jagdhund strampelt um sein Leben und sucht Hilfe. Er strampelt sich in Richtung Herrchen oder Frauchen und zerkratzt ihnen Gesicht und Rücken. Oft können sie sich nur noch durch Abtauchen retten und versuchen, unverletzt das Ufer zu erreichen.

## 109 Lange Leine zur Schwimmausbildung

Das Ziel der Schwimmausbildung ist zunächst, dass der Hund auf den bloßen Befehl „Voran", mit entsprechendem Fingerzeig, das Wasser annimmt. Der Vierbeiner soll sich keinerlei Gedanken über den Sinn und Zweck der Übung machen – einfach nur das Wasser annehmen, sei es nun kalt oder angenehm warm. Um dieses Ziel zu erreichen, darf der Hund auf gar keinen Fall vom Hundeführer ins Wasser geschubst oder gar geworfen werden. Das würde die Vertrauensbasis zerstören. Stattdessen benötigt der Rüdemann am geeigneten Gewässer eine Hilfsperson. Im Zweifel ist ein Gartenpool durchaus geeignet. Solch ein Badewasser ist nicht zu breit und meistens tief genug. Benutzt wird eine Feldleine. In deren Mitte ist eine stabile, nicht würgende Halsung mittels eines Wirbels befestigt. Die Halsung wird dem Hund so fest angelegt, dass er sie nicht über seinen Kopf streifen kann. Die Hilfsperson nimmt ein Ende der Feldleine und begibt sich auf die andere Seite des Gewässers. Der Ausbilder nimmt das andere Ende der Leine in eine Hand, hält damit den Hund nah an der Halsung, damit dieser nicht seitlich ausbrechen kann. Mit der anderen Hand deutet er auf die Wasserfläche. Nach dem deutlichen Kommando „Voran" zieht die Hilfsperson den Hund flott bis in die Mitte des Gewässers. Der verunsicherte Hund schwebt nun fast senkrecht im Wasser. Er klatscht ständig mit beiden Pfoten auf die Wasseroberfläche.

Dabei muss die Leine von beiden Seiten immer hoch und straff gehalten werden, damit der Vierbeiner sich nicht in den Leinen verfängt. Die meisten Hundeführer holen den Hund dann bereits wieder ans Ufer und liebeln ihn ab und loben ihn, denn sie können nicht mit ansehen, wie er sich in Panik abstrampelt. Das ist jedoch ein Fehler!

## 110 Strampeln bis zur Erschöpfung

Der Hund muss konsequent mithilfe beider Leinenenden im Wasser gehalten werden – und nicht nur das. Da er eine Halsung trägt und kein Brustgeschirr, wird ihm mithilfe der Leine eine Richtung vorgegeben. Er soll in dem Gewässer bereits hin und her schwimmen. Nur auf diese Weise wird er das Schlüsselerlebnis haben, das ihn letztlich nicht nur zum Freischwimmer, sondern auch zum wasserfreudigen Hund macht.

Bei dem einen Hund dauert es nur fünf Minuten, bei dem anderen zehn und beim durchtrainierten Vierbeiner eine Viertelstunde, bis die Anstrengung des panischen Planschens ihren Tribut fordert und die Bewegungen langsamer werden. Der Schwimmschüler plantscht nun nicht mehr, sondern bewegt die Vorderläufe langsam im Takt unter der Wasseroberfläche. In diesem Moment erfährt der Hund sein Schlüsselerlebnis: ‚Ich gehe trotzdem nicht unter, ich kann schwimmen, ohne mich anzustrengen!' Die Rückenlinie wird sichtbar und der Vierbeiner dreht seine Runden wie ein Alter. Erst jetzt wird er vom Hundeführer gerufen, darf ans Ufer, darf sich schütteln, wird abgeliebelt und bekommt sein Leckerli. Damit soll es für den ersten Tag genug sein. Der Hund hat einen dicken Bauch, weil er vermutlich eine Menge Wasser geschluckt hat. Er braucht einen Tag Pause. Es kann sein, dass er beim zweiten Anlauf nur für einige Sekunden strampelt und dann bereits zum normalen Schwimmen übergeht. Ein Zeichen, dass er seine Lektion nicht nur gelernt, sondern auch begriffen hat. Bei einigen Hunden

Der Hund wird mit einer Doppelleine ins Wasser geschickt.

Planschen bis zur Erschöpfung ist der Weg zur Selbsterkenntnis.

sind durchaus mehrere Anläufe nötig, bis sie auf Befehl das Wasser annehmen. Schon bald wird aus der Wasserscheue Wasserpassion. Vor allem dann, wenn der Hund das Wasser noch mit spannenden Erlebnissen verbindet. Sei das nun eine Ente, die quakend vor ihm herschwimmt und im letzten Moment wegtaucht, oder ein freches Blesshuhn, das sich einen Sport daraus macht, ihn nah herankommen zu lassen, um dann 20 Meter über das Wasser zu rennen. Der Hundeerzieher, der keinen Helfer hat, benötigt einen stabilen Stab, zwei Meter lang, mit einer kurzen Leine. An dieser „Angel“ bugsiert er seinen Hund ins Wasser und bringt ihm das Schwimmen bei. Besonders geeignet sind Gewässer mit einer Spundwand oder Angler- und Bootsstege.

Sobald die Erschöpfung greift, merkt der Hund, dass er normal schwimmen kann.

Der kleine, wasserscheue Hund Filou wird möglichst weit getragen und dann ins verhasste Element entlassen. Panisch platschend erreicht er das Ufer.

Nach der siebten Übung schwimmt Filou wegen Erschöpfung normal, aber immer noch gleich in Richtung Ufer.

## 111 Körpereinsatz bei kleinen Hunden

Filou machte bereits als Welpe einen Bogen um jede Pfütze. Wasserscheu, keine Frage! Da die Jahreszeit passte, fuhren wir mit ihm und den Labrador-Hündinnen, die auch zum Rudel gehören, an einen großen Tagebausee. Während die Hündinnen sofort das Wasser annahmen, holte Filou sich gerade mal nasse Pfoten, kein Gedanke ans Schwimmen. Beate legte kurzerhand ihre Bekleidung ab. Mit dem Terrier auf dem Arm ging es ab ins kühle Nass. Etwa 30 Meter weit in Richtung Seemitte konnte sie Filou tragen. Dann setzte sie ihn aus und er bewegte sich, extrem mit den Läufen plantschend, sogleich in Richtung Ufer. Nach der vierten oder fünften Wiederholung der Aktion schwamm Filou normal. Kein Plantschen mehr, sondern ruhiges Schwimmen.

## 112 Schwimmen können ist lebensrettend!

Jedem, der diese Ausbildung für Tierquälerei hält, kann ich nur entgegnen, dass ein Hund, der in einen reißenden Bach fällt, nur überlebt, wenn er ordentlich schwimmen kann. Außerdem erschließt sich unserem vierläufigen Jagdhelfer eine völlig neue Lebensqualität, die ihm sein Leben lang manch jagdliche Freude bereiten wird.

In der Hundeschule gibt es Rassen aller Couleur. Sozialisierung ist der Hauptzweck.

## 113 Hundeschule

Egal ob eine Hundeschule kommerziell betrieben wird oder ob es sich um einen Freundeskreis handelt, mit wenigstens einem erfahrenen Hundeführer, der bereit ist, seine Erfahrungen weiterzugeben: Der große Vorteil des gemeinsamen Übens ist die Sozialisierung der Hunde. Ich habe über viele Jahre für die Dorfhunde kostenlose Trainingskurse angeboten. Der Erfolg konnte sich sehen lassen. Ich hatte weder streunende noch wildernde Hunde im Revier. Außerdem haben unsere eigenen Vierbeiner auch immer davon profitiert. Sie waren später regelrechte Hundeschulprofis. Das liegt auch daran, dass man sich in der Gemeinschaft gegenseitig hilft. Oft werden Lehrgänge von örtlichen Kreisjägerschaften angeboten. Gemeinsame Prüfungsvorbereitung ist das Zauberwort. Vor allem für die Wasserarbeit sollten solche Angebote genutzt werden.

Begegnungsübungen sind wichtig. Auch Jagdhunde sollen nicht jeden anderen Hund anbellen oder -knurren.

Gelassenheit gegenüber aufdringlichen Kindern kann trainiert werden.

Bei dem über die Hunde steigenden Kind, müssen die Vierläufer absolut ruhig bleiben.

## 114 Das Bringen

Das Bringen gehört zu den Hauptaufgaben eines Jagdhundes. Der Hundeführer muss sich darauf verlassen können. Dazu noch ein Schlüsselerlebnis mit unserer unvergessenen Hündin Djinga: Bei einer Niederwildjagd im Münsterland führte Beate die Mischlingshündin zum Stöbern im Schilf und Senf. Die einjährige Hündin ging nicht zu weit, kam regelmäßig zurück, und die Arbeit machte ihr große Freude. Sie beobachtete dabei sehr interessiert, wie meine Drahthaar-Hündin Wild apportierte – egal ob Hase, Kanin, Fasan oder Ente. Nun sage mal einer, dass Hunde nicht nachdenken können! Ein Fasanenhahn fiel ihr vor die Läufe und Djinga nahm ihn auf. Etwas unschlüssig stand sie da mit der Beute und meine Hündin ging hin und nahm ihr vorsichtig den Hahn ab. Kurze Zeit später rief einer der Treiber: „Beate, dein Hund hat ein Kaninchen!“ Beate rief Djinga. Die kam freudig an, stolz wie Oskar, und gab das Kaninchen ab. Zwischen Apport und Apport gibt es jedoch noch einen riesigen Unterschied, und das sollte sich schon bald zeigen: In einem Schilfgürtel wimmelte es von Fasanen. Djinga nahm einen Hahn auf. Dann sah sie, wie der nächste vom Himmel fiel, warf den ersten Hahn weg und rannte zum anderen. Mein Kommentar: „Beim nächsten Mal bleibt Djinga an der Leine, oder sie lernt vernünftiges Apportieren.“ Gesagt, getan! Die Ausbildung begann. Ich hielt ihr ein leichtes Dummy hin und sagte: „Apport!“ Da sie das blöd fand und nicht reagierte, öffnete ich ihr den Fang und schob den Dummy hinein. Ab dem Moment, als Djinga begriff, dass das Bringen von ihr verlangt wurde, war es mit dem Spaß dahin. Sie weigerte sich. Selbst Stöckchen holen, früher ein Lieblingsspiel von ihr, war nun vorbei.

Apportieren ist die wichtigste Arbeit für einen vielseitigen Jagdgebrauchshund.

## 115 Die Dressurangel wirkt Wunder als Einstiegstraining zum Apportieren

Die Dressurangel ist bei fast allen Hunden sehr beliebt. Bei Djinga habe ich dieses Training zunächst mit einem Stofftier betrieben. Sie hetzte eine Zeit lang mit großer Freude. Als sie es erwischt hatte, hielt ich die Schnur etwas auf Zug und lobte sie in übertrieben freundlichem und hellem Ton: „Fein Apport, fein Apport, Apport, Apport!“ Dann nahm ich ihr das Stofftier ab und gab im selben Moment ein Leckerli. Schon bald fand Djinga dieses Training sehr gut und folgte mit Freude. So konnte ich im Laufe der nächsten Tage erreichen, dass sie mit dem Stofftier auf mich zukam. Immer in Erwartung des Leckerlis. Anschließend ging es ins „Sitz“, wobei ich mit einer Hand ihren Unterkiefer von unten stützte und ihr mit der anderen Hand den Po vorsichtig hinunterdrückte. Streicheln über den Kopf, Kommando „Aus“, Stofftier abnehmen und dann das Leckerli geben. Pro Tag gab es mehrere Übungseinheiten, aber nie länger als zehn Minuten am Stück.

Die Golden-Retriever-Hündin Emily fand die am Boden liegende Ente zwar interessant ...

... aber erst als durch die Dressurangel Bewegung hineinkam, wurde die Ente zum Objekt der Begierde.

Nach einigem Üben hat sie dann das Wasserwild apportiert.

## 116 Umstellung auf Wild

Nachdem Djinga die Aufgaben mit Stofftieren und Dummys zur Zufriedenheit meisterte, wechselte ich zu Wild. Es begann mit einer Fasanenschwinge, ging weiter mit einem Dummy, an dem ich zwei Fasanenschwingen mit Kabelbindern befestigt hatte. Dann ein Sandsack, der mit einem Hasenbalg umwickelt war. Es folgte ein Fasan und eine Ente. Dann ein Hasenbalg, ein Kaninchen und eine Ringeltaube. Danach benutzte ich ein auf der Straße verunglücktes Eichhörnchen und auch noch Bisamratten. Schließlich wechselte ich weiter zu Raubwild und Raubzeug. Hervorragend eignen sich auch Läufe vom Schalenwild.

## 117 Einen Schritt zurück und dann Richtung Fuchs

Bei jedem Stück Wild, das Schwierigkeiten bereitete, machten wir einen großen Schritt zurück. Es wurde wieder die Dressurangel eingesetzt. Mal fing Djinga das Stück in der Luft, mal nahm sie es vom Boden auf. Bei Rabenkrähen verspürte die Hündin jedoch Ekel. Aus dem liebevollen Kommando „Apport“ wurde dann ein ärgerlicher, lauter Befehl. Die Stimme hat bei Hunden mit gutem Bezug zu Menschen eine enorme Wirkung, und so meisterten wir auch diese Schwierigkeiten. Wer seinem Hund beibringen möchte Füchse zu apportieren, der beginnt dazu mit leichten Arbeiten. Zunächst ein frischer Balg, um den Apportierbock gewickelt, mit Kabelbindern fixiert. Dann folgen kleine Jungfüchse, mittlere Jungfüchse und zum Schluss der Altfuchs. Durch Gewohnheit und Training erlernt der Hund auch diese unliebsame Arbeit. Aber mal Hand aufs Herz, in der Praxis ist das Bringen von Füchsen von untergeordneter Bedeutung. Man benötigt es eigentlich nur

Wenn das Apportieren nicht sofort klappt, dann den Rückwärtsgang einschalten. Links ein Apportel aus Holz, klassisch. Dann ein leichtes, mittleres und schweres Dummy. Rechts ein Sandsack mit echtem Hasenbalg. Er kann gut im Gewicht variiert werden.

für die VGP (Verbandsgebrauchsprüfung). Mein Pudel-Pointer-Rüde Alfi fand tote Füchse nicht besonders anziehend. Bei der Waldschleppe kam er ohne Fuchs zurück. Ich durfte ihn nochmals ansetzen und war dabei ziemlich streng, soweit das unter den Augen der Prüfer möglich war. Diesmal blieb Alfi verdächtig lange fort. Zur Belustigung aller Prüfungsteilnehmer brachte Alfi mir dann den Kartoffelsack, in dem ich den Fuchs transportiert hatte. Der lag neben meinem Auto. Zum Glück schaffte Alfi die Ersatzarbeit, bei der ein Fuchs ohne Schleppe im Wald ausgelegt wird, und bestand somit seine Prüfung.

## 118 Auf das Leckerli kommt es an

Bisher basierte die Ausbildung zum Apportieren auf Leckerlis. Ich kann nur betonen, dass normale Belohnungshappen, so wie es sie in den Regalen der Supermärkte zu kaufen gibt, nicht die nötige Motivation hervorrufen. Am besten eignen sich kleine Fleischwurststücke, die auf fast alle Hunde beflügelnd wirken, falls sie ansonsten beim täglichen Füttern Trockenfutter erhalten. Beim sogenannten Barfen, also dem Füttern der Hunde ausschließlich mit Fleisch, gestaltet sich die Frage der Leckerlis schon durchaus schwieriger. Da muss der Trainer einiges ausprobieren. Fast immer ist dann Leberwurst das Mittel der Wahl. Inzwischen gibt es Leberwurst in Tuben zu kaufen – speziell für Hunde. Man quetscht einen Zentimeter davon auf einen Finger, und der Hund darf es ablecken. Keine Angst, Hunde erkennen es, wenn die Leberwurst abgeleckt ist. Katzen erkennen dies übrigens nicht. Sie beißen einem anschließend glatt in den Finger.

## 119 Apport auf Entfernung

Mit der Dressurangel musste es irgendwann ein Ende haben, auch wenn Djinga die Übung toll fand. Zunächst habe ich völlig zwanglos ihr Apportel im hohen Bogen geworfen. Das kam der Arbeit mit der Dressurangel ziemlich nah, denn es hatte etwas mit Hetzen und Fangen zu tun. Im nächsten Schritt musste die Hündin neben mir „Sitz“ und „Bleib“ machen. Ich ging einige Schritte in die Wiese und legte das Apportel auf Sicht ab. Durch die vorherige Arbeit war Djinga ja bereits daran gewöhnt, Wild auch vom Boden aufzunehmen. Zunächst ließ ich die lange Leine, etwa 20 Meter, hinterherschleifen. Nachdem sie die Arbeit freudig und zuverlässig ausführte, konnte ich auf die lange Leine verzichten.

## 120 Schleppwild sparen

Sobald ein Hund freudig und zuverlässig Wild apportiert, kann für das weitere Training wieder auf Dummys zurückgegriffen werden. Die Hilfsmittel, welche insbesondere aus der

Retrieverarbeit bekannt sind, sind handlich und weich. Sie eignen sich besser als Apportel aus Holz. Ich verwende auch gern Stofftiere aller Art. Sie sind in Secondhandshops meist für einen Euro zu haben und leisten ebenfalls gute Dienste. Ich finde es immer sehr schade, wenn Wildtiere nur zu Trainigszwecken ihr Leben lassen müssen. Auch hier gilt der Spruch: so viel wie nötig, nicht mehr als nötig.

## 121 Nasenleistung auf der Schleppe

Als junger Hundeführer habe ich mir immer Sorgen darum gemacht, ob ein Stück Schleppwild auch genügend Wittrung abgibt, damit der Hund die Schleppe halten kann. Inzwischen weiß ich, dass das völliger Quatsch war. Wir Menschen neigen dazu, die Nasenleistung eines Hundes gehörig zu unterschätzen. Die Schleppenarbeit ist für einen Hund sehr einfach. Einziges Kriterium: Der Hund muss es wollen. Er verfolgt auf der Schleppe einen bestimmten Duft. Ob das nun ein Kaninchen oder eine Ringeltaube ist, spielt keine Rolle. Wenn der Vierbeiner motiviert ist und arbeiten will, genügt auch die Spur des Hundeführers oder die Spur eines anderen Menschen.

## 122 Für die Vorbereitung auf eine Prüfung

Beim Üben für den Prüfungstag sollte man die Anforderungen an den Hund höherstellen, als sie bei der Prüfung verlangt werden. Mit schwereren Aufgaben trainieren, um es bei der Prüfung leichter zu haben. In diesem Fall die Stehzeit der Schleppe verlängern und die Entfernung vergrö-

Die Nasenleistung von Hunden ist gewaltig. Da müssen wir Menschen lernen zu vertrauen.

ßern sowie die Haken schärfer legen. Außerdem ist es wichtig, auch mit Kaninchen und Fasanen zu üben, die zuvor von einem anderen Hund apportiert wurden. Es kann sein, dass man ausgerechnet für den Prüfungstag kein Schleppwild zur Verfügung hat, aus welchem Grund auch immer. Dann ist man auf die Hilfe anderer Prüfungsteilnehmer angewiesen. Die haben Vorrang und ich bin froh, überhaupt Schleppwild zu bekommen, auch wenn es bereits von einem anderen Hund apportiert wurde.

## 123 Schleppwild tragen

Jede Art von Schleppwild macht es nicht lange mit, wenn es hunderte Meter weit gezogen wird. Ich habe es mir daher angewöhnt, das Schleppwild zu tragen. Der einzige Unterschied, der bei der Ausarbeitung durch den Hund zu sehen ist, zeigt sich darin, dass die Menschenspur sorgfältiger gehalten wird als eine echte Schleppe.

## 124 Schleppengelände möglichst oft wechseln

Einige Hunde gehen lässig sogar soweit, dass sie zuerst links oben in der Wiese nachschauen, und wenn dort nichts liegt, sich nach rechts bewegen, um dort vermeintlich das Wild zu finden. Deshalb macht es Sinn, oft das Schleppengelände zu wechseln. Die Arbeit in unbekannten Revierteilen lässt den Hund sorgfältiger arbeiten.

## 125 Die ersten Übungen für die Schleppenarbeit

Bisher konnte Djinga sehen, wie ich das Wild im Gras abgelegt hatte. Beim Übergang zur Arbeit auf der Schleppe durfte sie das nicht sehen. Sie machte „Sitz“ und „Bleib“ hinter einem Hügel oder hinter dem Auto. Ich wählte eine Wiese mit etwas höherem Bewuchs, legte das Wild oder den Dummy nach 20 Metern ab und kehrte ge-

Die Qualität von Schleppwild nimmt mit jedem Einsatz ab.

nau auf meiner eigenen Spur zum „Anschuss" zurück, den ich mit einem Stöckchen markiert hatte. Dann durfte die Hündin arbeiten. Ich zeigte ihr den Beginn der Schleppe und sie wurde sofort fündig. So legte ich hintereinander zehn Schleppen im hohen Gras, aber jedes Mal um fünf Meter länger. Die Arbeit war für die Hündin leicht. Nach einigen Tagen kam ich bereits auf eine Schleppenlänge von 300 Metern mit zwei Haken. Nachdem das gut klappte, wechselten wir zu anderen Wiesen oder Äckern. Das war dann kein Problem. Die Hündin hatte von vornherein gelernt, die Fährte zu arbeiten, ohne das Wild geschleppt wurde. Für die Vorbereitung auf die Prüfung habe ich natürlich extra mit echtem Schleppwild gearbeitet. Allerdings, wiederum um Schleppwild zu sparen, habe ich immer nur ein bestimmtes Stück Schleppwild verwendet und zum Apportieren jeweils ein anderes Stück Wild abgelegt.

## 126 Die Leerschleppe

Kurze Zeit nachdem meine vierbeinigen Lehrlinge die Schleppenarbeit gelernt hatten und im Laufe der Arbeit etwas nachlässiger mit dem Halten der Fährte wurden, habe ich mit jedem Hund immer noch einen Trick angewendet: die Leerschleppe. Dazu wird ein Helfer benötigt. Der zieht eine Schleppe bis zu einem Hochsitz und nimmt das Schleppwild mit auf den Sitz. Ich setze den Hund an. Dieser trägt für die Arbeit an der Halsung noch eine etwa vier Meter lange, dünne Schleppleine. Der Hund kommt am Ende der Fährte zum Hochsitz, findet kein Wild und kehrt dann freudig zu mir zurück. Ich sage zunächst kein Wort, damit der Hund mein Missfallen über die nicht ausgeführte Arbeit nicht mit seinem Zurückkommen in Verbindung bringt. Stattdessen nehme ich nur die Leine auf und gehe mit dem Hund eine Ehrenrunde. Beim erneuten Ansetzen am Anschuss schreie ich den Hund laut an: „Apport!" In der Zwischenzeit wirft der Helfer das Schleppwild im hohen Bogen vom Hochsitz. Der Hund findet das Wild und bringt es ordentlich. Was lernt der Hund bei diesem Vorgehen? Nicht gleich aufgeben! ‚Wenn ich lange genug suche, dann finde ich das Wild auch, und der Alte ist nicht sauer, sondern freut sich.'

## 127 Bringtreue

Als hauptberuflicher Betreuer eines Jagdreviers habe ich stets Wert darauf gelegt, dass meine Hunde zuverlässig die Bringtreue beherrschten. Das bedeutet, dass alles Wild apportiert wird, welches der Hund in die Nase bekommt, auch ohne Aufforderung und ohne Schleppe. Erbringt der Hund solch eine Arbeit, muss ich mich natürlich über alle Maßen freuen. Auch dann, wenn das Stück bereits anbrüchig ist und stinkt, muss ich mich freuen!

Ein Hund mit zuverlässiger Bringtreue hat für den Hundeführer manche Überraschung bereit.

## 128 Keinen kranken Hund einsetzen

Der Deutsch-Drahthaar-Rüde Amor hatte das Apportieren richtig gelernt. Er brachte den Hasen, setzte sich und hielt ihn fest, bis das Kommando „Aus“ kam. Leider erlitt er eines Tages einen Verkehrsunfall. Sein Unterkiefer war ausgerenkt. In einer Tierklinik wurde der Knochen unter Narkose wieder eingerenkt. Die Heilung ging schnell voran und schon bald durfte Amor wieder mit zur Treibjagd. Brav brachte er einen Hasen, aber ich wollte Amor nicht mehr belasten als nötig. Ich verzichtete auf „Sitz“ und Festhalten, sondern ging dem Hund etwas entgegen und nahm ihm den Hasen direkt aus dem Fang. Das geschah auch noch ein zweites Mal. Den dritten Hasen warf Amor mir dann schon von weitem entgegen. Amor interpretierte mein Verhalten also nicht als Rücksichtnahme, sondern als Führungsschwäche. Nach dieser Jagd mussten wir ordentliches Apportieren erneut üben. Ich hätte den beeinträchtigten Hund besser gar nicht erst eingesetzt. Das hätte mir viel Arbeit erspart.

## 129 Anlageprüfung

Viele Züchter wünschen sich vom Käufer eines Welpen, dass er diesen auf den Anlageprüfungen führt. Der Wunsch ist verständlich, denn Züchter möchten auf diese Weise eine lückenlose Dokumentation ihrer züchterischen Erfolge haben. Einige Züchter sind sogar bereit, einen Teil der Kosten zu übernehmen. Schließlich kommt auf den Welpenkäufer einiges zu: intensive Ausbildung, Fahrtkosten und Prüfungsgebühren. In einigen Fällen ist dieser Wunsch der Jagdhundezüchter sogar so groß, dass sie einem potenziellen Welpenkäufer den Kauf verwehren, weil dieser nicht versichert, den zukünftigen Jagdhelfer auf Prüfungen zu führen.

## 130 Verbands-Jugend-Prüfung

„Ich muss meinen Hund noch auf die Jugendprüfung vorbereiten!“ Diesen Satz höre ich oft. „Warum eigentlich? Warum tust du dir das an?“, ist regelmäßig meine Antwort. „Na ja, ich habe es dem Züchter versprochen, sonst hätte ich gar keinen Welpen bekommen.“ Die VJP ist eine Anlagenprüfung. Sie soll eine Aussage für die spätere Zucht der Rasse treffen, aber nicht nur dafür. Sie soll auch die Zuchteignung der Elterntiere bestätigen, und das ist anscheinend ihr Hauptzweck. Der Grundsatzgedanke ist aus Züchtersicht nicht schlecht. Allerdings lassen sich hohe Punktzahlen nur erzielen, wenn man den Probanden fleißig auf die Prüfung vorbereitet. Nicht die Hunde, sondern die Züchter sind bei der VJP die eigentlichen Prüfungssieger. Oft führen sie selbst einen Hund aus eigener Zucht. Ich wunderte mich immer sehr, wenn sie mit dem Pokal in der Hand behauptet haben, dass sie keine Zeit zum Üben hatten, und dass der Hund heute zum ersten Mal im Leben auf einer Hasenspur war. Direkt nach der Berufsjägerlehre war ich freilich noch ein Greenhorn in der Hundeausbildung. Mein junger Drahthaar interessierte sich überhaupt nicht für die Hasenspur und die VJP, von der ich damals noch glaubte, unbedingt daran teilnehmen zu müssen. Ich fragte einen erfahrenen Züchter und Zuchtwart um Rat. „Du musst üben, üben, üben! Du musst den Hund immer wieder an die Hasen ranbringen. Du musst ihn auch mal hetzen lassen!“ Ausgestattet mit meinem frisch erworbenen Wissen ging es ans Werk. Hasen gab es zum Glück reichlich und ich musste nie lange suchen. Mein Hund, aus offizieller Zucht, fand das Hetzen ganz großartig. Nur die Hasenspur wurde bereits nach 100 Metern für ihn äußerst langweilig. Wieder fragte ich den vermeintlichen Profi um Rat. Er empfahl mir, einen Hasen mit der KK-Büchse anzubleien, damit der Hund auf der Hasenspur zum Erfolg kommt und fortan alle Hasenspuren arbeitet. Ich bin ja nicht zimperlich, aber das ging mir dann doch zu weit. Immerhin wurde ich in eines der Geheimnisse eingeweiht, mit dem man möglicherweise die höchste Punktzahl erreicht. Die Rekordpunktzahl ist nur erforderlich, um den Pokal zu erringen. Für die Zucht ist sie nicht nötig und für den Jagdbetrieb schon mal gar nicht. Der Hund bleibt vom Erbmaterial her derselbe, egal, ob er nun sechs oder elf Punkte auf der Hasenspur erzielt. Letztlich haben wir die VJP bestanden. Ich war damals darüber sehr glücklich. Mein Mentor aber wurde Prüfungssieger und verteidigte den Wanderpokal des Vereins erfolgreich. Wieder einmal hatte er keine Zeit zum Üben gehabt. Der Hund brachte eben alles aus seinen Anlagen mit. Tatsache ist, dass die Hunde bei der Vorbereitung auf die VJP allerlei Unarten lernen müssen, sehr weite Suche, Arbeit auf gesunden Spuren. Das sind Fächer, für die wir im Jagdbetrieb keine Verwendung haben. Es ist schwerer, einem Hund unerwünschtes Verhalten wieder abzugewöhnen, als ihm etwas Neues beizubringen.

## 131 Beurteilung der Nasenleistung

Eigentlich steht es uns Menschen nicht zu, die Nase eines Hundes zu beurteilen. Wir können nur erkennen, ob er die Nase für unsere Zwecke einsetzt, aber wir können nichts über die Güte sagen, angesichts unserer verkümmerten Riechorgane. Trotzdem werden bei der VJP Leistungspunkte für die Nase vergeben. Verfügt der Mensch über zehn Millionen Riechzellen, so besitzt der Hund gar 230 Millionen davon. Außerdem hat er wesentlich mehr Cilien. Das sind Härchen, welche die Gerüche den Zellen besser zugänglich machen. Das größte Plus des Hundes ist jedoch seine erstaunliche Fähigkeit, im Gehirn die eingehenden Riechsignale zu verarbeiten. Mit diesem Gehirnteil ist er uns Menschen

Die Leistung der Hundenase ist der der menschlichen Nase um ein Vielfaches überlegen.

deutlich überlegen. Und dann noch seine Schnüffeltechnik, die ein Vielfaches an Luft durch die Nase leitet.

## 132 Vorbereitung auf die Hasenspur

Manchmal muss die Teilnahme an der VJP eben doch sein. Sei es, weil ich dem Züchter versprochen habe, an dieser Prüfung teilzunehmen, oder sei es, weil ich selbst mit dem Hund züchten möchte. Zunächst muss ich dazu einen Hasen finden, ohne das Revier mehr zu beunruhigen als nötig. Vom Auto aus wird am frühen Morgen oft ein Hase sichtbar sein, der, sobald man aussteigt, langsam in seiner Sasse verschwindet. Auch eine Wärmebildkamera kann einen Hasen in der Sasse zeigen, den ich sonst nicht gesehen hätte. Diesen Platz muss sich der Hundeführer einprägen und anschließend langsam mit dem Hund an der Leine darauf zugehen. Der Hase kommt auf die Läufe und flüchtet. Der Hund an der Leine darf kurz hinschauen, dann halte ich ihm die Augen mit beiden Händen zu.

Damit nicht genug: Ich drehe mich zusätzlich samt Hund mehrmals im Kreis. So verliert er den Überblick und schaltet im Idealfall von Auge auf Nase um. Kurz hinter der Sasse zeige ich ihm die Spur und schicke ihn mit entsprechender Bewegung des Armes. Höchstwahrscheinlich wird der Vierbeiner nun die Spur arbeiten. Im Idealfall sticht er den Hasen, was bedeutet, dass er speziell diesen Mümmelmann, der sich erneut gedrückt hat, findet und hetzt. Nach solch einem Erfolgserlebnis würde der Hund fortan fleißig auf der Spur arbeiten. Meist sieht es in der Praxis jedoch leider anders aus. Andere Hasen schrecken seitlich von der Spur hoch, oder sie flüchten aus anderen Sassen, während der Vierbeiner sich bereits auf dem Rückweg befindet. Das Hetzen beginnt erneut! Solche Szenarien sind nicht unbedingt hilfreich für die Einarbeitung. Es gehört auch Glück dazu. Am Prüfungstag wird der Vierbeiner nicht einfach an der Halsung geschnallt. Er bekommt eine kurze Wäscheleine um. Sobald er auf der Spur ist, wird ein Ende der Leine losgelassen und er kann sofort frei arbeiten.

## 133 Vorstehen

Das Vorstehen ist eine äußerst wichtige Veranlagung, die durch Zucht ständig gefördert wurde. Im Grunde steht ein Hund nur vor, da er hofft, auf diese Weise selbst Beute machen zu können. Durch sein Verharren sortiert er die Herkunft der Duftmoleküle, um schließlich durch den entscheidenden Sprung die Beute zu fangen. Sehr gut können wir dieses Verhalten auch bei Füchsen in der freien Wildbahn beobachten. Die stehen manchmal Minuten lang vor, bevor der Beutesprung folgt. Selbst im hohen Gras oder im Tiefschnee verfehlt der erfahrene Fuchs kaum eine Maus.

## 134 Vorstehen fördern

Einige Hunde haben dieses Verhalten in den Genen. Mit anderen muss jedoch geübt werden. Dabei kann wieder die Dressurangel zum Einsatz

Vielen Hunden ist das Vorstehen angeboren, so wie hier der Labrador-Hündin am Dachsbau.

Jörg übt mit seiner jungen DD-Hündin das Vorstehen am Federspiel der Dressurangel. Beruhigende Worte wirken später auch im Feld und sorgen für längeres Vorstehen.

kommen. Fast alle Hunde sprechen auf den Reiz einer Dressurangel an. Wenn der Vierbeiner das Objekt an der Angel einige Zeit gehetzt hat, stoppen wir urplötzlich den Reiz. Die Fasanenschwinge oder das Dummy bleibt am Boden liegen. Sobald der Hund es packen will, ziehen wir es schnell weg. Das wiederholen wir etliche Male, bis der Vierbeiner beginnt, sich anzupirschen. Das ist der Moment, in dem wir mit der Sprache eingreifen: „Stehhh". Nach mehrmaligem Üben steht der Hund dann wirklich vor. Sobald der Hund lange genug gestanden hat, bewegen wir das Objekt leicht. Der Vierbeiner packt es, bringt es und bekommt eine Belohnung. Nach einigem Üben kann die verbale Beruhigung auch beim Vorstehen im Feld angewendet werden. Dadurch wird die Zeit des Vorstehens deutlich verlängert.

## 135 Die Suchjagd mit Quersuche

Die gekonnte Quersuche eines Vorstehhundes im Feld ist eine Augenweide. Es bedarf einiger Übung, bis der Hund dazu in der Lage ist. Gegen den Wind die Breite des Schlages nach links und rechts abzusuchen und im entscheidenden Moment vorzustehen, ist das Ziel. An einer Suchjagd nehmen mehrere Schützen teil. Wichtig ist, dass pro Feld nur ein Hund die Quersuche macht. Die anderen müssen angeleint bleiben oder im Auto warten. Sind mehrere Hunde gleichzeitig zur Suche unterwegs, so ist es mit der Augenweide bald vorbei. Die Hunde preschen vor, wollen sich gegenseitig überholen. Während ein Hund vorsteht, saust der nächste dorthin und macht das das Wild hoch. Dieses Vorgehen führt über kurz oder lang zum Chaos. Es kommt also immer nur ein Hund zum Einsatz. Wechseln wir bei der Jagd den Acker, kommt auch ein anderer Hund bei der Quersuche zum Einsatz. Bei hohen Temperaturen werden obendrein die Hunde geschont.

## 136 Quersuche einarbeiten

Sehr erleichtert wird das Training, wenn der Hund bereits das Kommando „Platz" auf Entfernung beherrscht. Außerdem muss er schon auf den Pfiff für das Wiederkommen reagieren. Für das Training wählen wir einen Schlag mit übersichtlichem Bewuchs und starten gegen den Wind. Sobald der Hund rechts von uns ist, ändern wir die Richtung und gehen nach links. Das machen wir, bis der Vierbeiner den linken Rand des Feldes erreicht hat. Sofort wechseln wir wieder nach rechts. Wir gehen weiter, bis der Hund auch den rechten Feldrand erreicht hat und schwenken dann sofort wieder nach links. Auf Dauer werden unsere Wege immer kürzer, und die des Hundes immer länger. Die Richtungsänderung unterstützen wir mit einem Pfiff, und falls der Vierbeiner zu weit vorprescht, ertönt auch der Pfiff. Hilft das nichts, bringen wir den Hund ins „Platz". Das wird ihm auf Dauer zu lästig. Der Hund passt in Zukunft auf, dass er nicht zu weit geht, denn dann würde ja der lästige Triller ertönen.

## 137 Einweisen

Bei den meisten Jagdarten auf Niederwild und vor allem, wenn es um die Nachsuche geht, hat der Hund wesentlich mehr Durchblick als wir selbst, weil er uns mit einigen Sinnen und Fähigkeiten überlegen ist. Beim Einsammeln der Enten nach dem Abendstrich, in völliger Dunkelheit, oder bei der Nachsuche auf einen geflügelten Hahn im hohen Senffeld, sind Jäger sogar völlig auf ihren Vierbeiner angewiesen. Bei manchen sehr guten Niederwildjagden, mit hoher Streckenerwartung beim Flugwild, wird gern im Old-English-Style gejagt. In etwa 50 Metern Entfernung steht hinter jedem Schützen ein Hundeführer oder eine Hundeführerin. Sobald Flugwild fällt, wird der Hund zum Apportieren

Ist der Hund weit genug links, so schicken wir ihn wieder nach rechts und umgekehrt.

geschnallt. Diese Methode bedeutet einen hohen Personalaufwand, hat aber auch einen entscheidenden Vorteil: Ein Fasan, der geflügelt zu Boden fällt, bleibt im Schockzustand erst einmal eine Minute liegen. Dann versucht er abzustreichen. Das gelingt nicht, also macht er sich als kranker Infanterist auf die Ständer und sucht das Weite. In 20 bis 30 Sekunden ist der Hund, der den Fasan fallen sah, bei der Beute und apportiert den kranken Hahn. Die Methode macht Sinn, denn es geht kaum noch Wild verloren. Hunde mit Erfahrung beobachten den Himmel ganz genau. Sie lassen sich auch ohne Ausbildung mit Einweisen zur Beute schicken, soweit sie diese selbst wahrgenommen haben. Was aber, wenn mehrere Vögel gleichzeitig vom Himmel fallen? Mehr als einen „Landeplatz" kann der Hund sich kaum einprägen. An diesem Punkt beginnt das Einweisen. Während der Ausbildung dahin lernt der Vierbeiner dem Hundeführer zu vertrauen, sich auf ihn zu verlassen. Er folgt den Anweisungen in der Gewissheit, am Ende Wild oder wenigstens ein Geläuf oder eine Spur vorzufinden.

Durch das Einweisen kann der Hundeführer den Vierbeiner im Gelände lenken.

## 138 Voraussetzungen für das Einweisen

Neben dem Grundgehorsam wie „Sitz“ und „Bleib“, „Platz“, „Hereinkommen“, muss der Hund sicher im Bringen sein. Er sollte nicht nur auf der Schleppe Wild apportieren, sondern auch Bringtreue besitzen. Also dem Hundeführer auch das Wild zutragen, welches er verendet irgendwo zufällig findet, auch wenn es bereits anbrüchig riecht. Er sollte so sicher im Bringen sein, dass er sich im Jagdbetrieb weder durch Schüsse noch durch flüchtiges Wild vom Apportieren abhalten lässt. Neben diesen Vorzügen als zuverlässiger Apportierhund sollte er auch noch eine gewisse Nervenstärke und Ruhe als Anlage mitbringen. Die wichtigste Anlage ist jedoch sein gesunder Appetit! Wir bauen die Übungen nämlich mit Leckerlis auf, und auf die sollte der Lehrling ganz heiß sein.
Als Prüfungsfach findet man das Einweisen eigentlich nur bei den Retrievern. Grundsätzlich kann jedoch jeder vielseitige Jagdgebrauchshund das Einweisen erlernen, und alles in allem ist diese Art von Zusammenarbeit zwischen Jagdhund und Hundeführer bei den anderen Jagdarten im Niederwildrevier mehr als hilfreich.

## 139 Das Ziel des Einweisens

Zum Apportieren des Niederwildes schickt der Hundeführer den Hund per Handzeichen in eine Richtung. Nachdem der Hund eine bestimmte Entfernung mehr oder weniger geradeaus gelaufen ist, ertönt ein kurzer Pfiff. Der Hund setzt sich und schaut zurück. Der Hundeführer streckt den Arm nach links aus und macht mit dem Oberkörper eine kurze ruckartige Bewegung nach links. Der Hund läuft nach links, wieder ein kurzer Pfiff und der Hund sitzt, schaut nach seinem Führer. Dieser erhebt beide Arme, beugt den Oberkörper vor, bewegt beide Arme abwärts und geht leicht in die Hocke. Der Vierbeiner kommt auf ihn zu. Abrupt erhebt sich der Hundeführer, und wieder ertönt ein kurzer Pfiff. Der Hund sitzt erneut. Sein Führer gibt abermals das Zeichen für links. Der Hund läuft wenige Meter nach links, stockt, findet den Fasanenhahn und bringt freudig. Hexerei? Nein, das gelingt wirklich. Denn dem, was für den unbefangenen Betrachter ziemlich einfach aussieht, ging ein umfangreiches Training voraus. Freilich hätte ein klassisch unter Wind suchender Hund das Flugwild auch gefunden. Aber das Einweisen ist nun mal die hohe Schule für Apportierhunde. Die Ausbildung dorthin und die gemeinsame Arbeit fördern das Zusammenspiel und die innere Verbindung des Gespanns. Für das Training benötigen wir zunächst kein Wild.

## 140 Körpersprache nutzen

Bei allen Übungen für die spätere Praxis wird weitgehend auf akustische Signale verzichtet. Der Hund soll lernen, hauptsächlich auf unsere Körpersprache zu achten. Ganz ohne Pfeife geht es dennoch nicht. Darum sollte für einen Hund immer nur eine Pfeife in Gebrauch sein. Unsere Vierbeiner können den Ton der verschiedenen Pfeifen unterscheiden. Das ist wichtig, wenn mehrere Gespanne im Feld gleichzeitig arbeiten. Für die ersten Übungen ist zusätzlich eine nachschleppende Feldleine unerlässlich. Der Hund fühlt sich dann kontrolliert und arbeitet konzentrierter.

## 141 Das „Sitz“ auf Entfernung

Das Kommando „Sitz“ kennt jeder Hund, aber mit dem „Sitz“ auf Entfernung wird bei den meisten Jagdhunden bereits Neuland betreten.

Richtung auf die Hilfsperson vorgeben.

Für die kommende Arbeit ist es wichtig, dass der Hund sich nicht hinlegt, sondern setzt, um auch in höherer Deckung den Überblick zu behalten. Gerade in dem Moment, in dem der Hund sich entfernt, kann er kein Körpersignal von uns sehen. Ein kurzer Pfiff ist das Signal zum Setzen. Damit der Vierbeiner das begreift, leinen wir ihn an und gehen mit ihm spazieren. Das Sitzkommando, etwa alle 20 Meter, wird durch jenen kurzen Pfiff ersetzt. Sobald der Hund das begriffen hat, und dies dauert nicht lange, gibt es ein Leckerli. Kombiniert wird das „Sitz" auf Entfernung mit dem Schicken. Dazu begibt sich der Hundeführer auf die Augenhöhe des Hundes und gibt diesem mit ausgestrecktem Arm und flacher Hand die Richtung vor, in die er laufen soll. In wenigen Metern Entfernung steht eine vertraute Hilfsperson. Nach dem Kommando „Voran" läuft der Hund zum Helfer, denn dieser hat bereits ein Leckerli in der Hand. Es folgt der kurze, scharfe Pfiff, der Hund setzt sich und bekommt das Leckerli. Falls der Vierbeiner sich nicht sofort setzt, wirkt der Helfer auf ihn ein.

## 142 Das Wiederkommen

Auch dafür verwenden wir ein akustisches Signal: Den lang gezogenen Doppelpfiff. Schließlich kann es sein, dass der Hund uns aus der Deckung heraus nicht sehen kann. Sobald er uns sehen kann, setzen wir die Körpersprache ein.

Beide Arme werden zunächst kurz hochgehalten. Bei gleichzeitigem Absenken der ausgestreckten Arme und langsamem in die Hocke gehen, kommt der Hund schnell heran. Ist er kurz vor uns, erheben wir uns und geben dem Hund nach dem „Sitz" auf Fingerzeig ein Leckerli. Im weiteren Verlauf der Übungen entfernt sich die Hilfsperson immer weiter. Es dürfen durchaus 50 bis 60 Meter werden. Das ist die Entfernung, innerhalb der die meisten geflügelten Fasanen hinter dem Schützen zu Boden gehen. Wird das Schicken samt „Sitz" auf Entfernung mit Hilfe des Helfers beherrscht, so wird jener durch einen gut sichtbaren Plastik-Pylonen ersetzt. Zunächst üben wir wieder auf kurze Entfernung. Im Verlauf der Übungen versetzen wir den Pylonen immer weiter. Auf Pfiff setzt der Hund sich am Pylonen. Auf langgezogenen Doppelpfiff in Kombination mit der Körpersprache kommt er wieder zurück. Falls der Vierbeiner mal die Konzentration verliert, kann es sein, dass wir zu lange trainiert haben. Jede Übung muss aber zwingend mit einem Erfolg beendet werden. Darum greifen wir dann einen Schritt zurück, machen eine leichtere Übung, die er gut beherrscht und beenden das Training. Das Ziel des ersten Übungsabschnitts ist, den Hund auch ohne Helfer oder Pylonen geradeaus schicken zu können, dass er sich auf Entfernung setzt und auf Kommando wiederkommt. Wenn wir bedenken, dass es für einen Hund schon eine große Kraftanstrengung ist, sich auf eine bestimmte Arbeit zu konzentrieren, so darf die einzelne Übungseinheit nicht länger als eine halbe Stunde betragen. Es ist völlig normal, wenn wir vier Wochen benötigen, um dem Hund diese Aufgabe beizubringen. Dass der Hund hier und dort seinen Grips ins Spiel bringt und einfach bei uns sitzen bleibt, damit er sich nicht auf Entfernung setzen muss, ist auch völlig normal. In solchen Fällen muss die Übungsarbeit mit einer leichteren Aufgabe und Belohnung beendet werden. Nach ein paar Stunden kann es dann weitergehen.

## 143 Rasenmäher

Das habe ich mir bei den Schäfern abgeschaut, die zum Teil ihre Hunde vorbildlich trainieren, denn sichere Hütehunde müssen ebenfalls das Einweisen beherrschen. Bei der Einarbeitung gehen die Schäfer ähnlich vor wie Jagdhundeführer. Falls der Hund mit dem Geradeauslaufen oder später mit dem rechts oder links Abbiegen Schwierigkeiten hat, so machen wir mit einem Rasenmäher in etwas höherem Gras eine Bahn in der gewünschten Länge und Richtung.

Für den Anfang der Übungen mit dem Rasenmäher Schneisen vorbereiten.

## 144 Nach links oder rechts

Für den nächsten Ausbildungsschritt benötigen wir zwei Helfer, beide sind mit Leckerlis ausgestattet. Wieder beginnen wir auf kurze Distanz. Ein Helfer steht zunächst genau gegenüber dem Hundeführer. Ein weiterer Helfer steht einige Meter links davon. Wir schicken den Hund zum gegenüberstehenden Helfer. Läuft er nun zum falschen Helfer, gibt es kein Leckerli und die Übung wird wiederholt. Läuft der Hund zum richtigen Helfer, bekommt er nach dem „Sitz“ seine Belohnung. Über Zeigen mit dem Arm nach links schicken wir den Hund anschließend zum zweiten Helfer. Das Loslaufen des Hundes wird letztlich durch einen Ruck im Oberkörper des Hundeführers ausgelöst. Am Anfang dürfen die Helfer selbst aktiv werden. Falls der Hund nicht gleich begreift, darf der linke Helfer rufen. Sobald dies gelingt, bekommt der Hund wieder eine Belohnung. Danach wird die Ausgangskonstellation wiederhergestellt und der Hund nach rechts geschickt. Sobald beide Übungen zuverlässig klappen, stellen wir einen Pylonen zwischen die beiden Helfer, die einige Meter links und rechts vom Pylonen stehen. Den Hund schicken wir anschließend in Richtung Pylonen. Vermutlich wird der Hund nun zu einem der beiden Helfer laufen. Dieser ignoriert den Hund, und es gibt keine Belohnung. Nach einigen Versuchen erinnert sich der Hund an die vorausgegangenen Übungen, läuft zum Pylonen und setzt sich dort auf Pfiff. Einer der Helfer verlässt nun seinen Posten, geht zum Hund und gibt dem Hund die Belohnung. Dann begibt der Helfer sich wieder zu seinem Platz. Genau zu diesem Helfer wird der Hund dann geschickt. Es ist für ihn nicht einfach, zum Pylonen zu laufen, während die

Nach dem „Sitz“ auf Entfernung erfolgt das Schicken nach rechts.

Gleiches nach links.

Leckerlis links und rechts warten, doch durch die Wiederholung der Übungen klappt auch das schon bald.

## 145 Übergang zum Apportieren

Nachdem wir einen der schwierigsten Übungsschritte geschafft haben, soll der Hund das Einweisen mit dem Apportieren in Verbindung bringen. Dazu soll er das Apportel zunächst einige Male bringen. Für braves Setzen und Ausgeben bekommt er eine Belohnung. Nun knüpfen wir an die letzte Übung an: Dazu haben beide Helfer je ein Stofftier oder einen Dummy unter der Jacke. Nachdem der Hund brav am Mittelpylonen „Sitz" machte, sich dann zu einem Helfer schicken ließ und sein Leckerli erhalten hat, wirft jener Helfer ihm den Apportiergegenstand zu. Der Hund muss nun nicht mehr lange überlegen, er wird das Apportel unverzüglich aufnehmen und uns zutragen, denn nur bei uns gibt es für das Apportieren eine Belohnung. Für den nächsten Arbeitsschritt benötigen wir keine Hilfspersonen mehr, stattdessen stellen wir dafür drei Pylonen auf. Der Hund wird wieder zum mittleren Pylonen geschickt, setzt sich dort auf Pfiff und schaut zu uns. Danach können wir ihn zum linken oder zum rechten Pylonen schicken. Sobald er sich auch hier gesetzt hat, bekommt er sein Leckerli. Das müssen wir ihm freilich selbst bringen und wieder zu unserem Platz zurückgehen, während der Hund sitzen bleibt. Auf unsere Körpersignale hin kommt er zurück, und wieder gibt es Leckerli sowie Streicheleinheiten und verbales Lob. Wird diese Übung beherrscht, deponieren wir neben einem der Pylonen ein Apportel. Der Hund wird es freudig erkennen und uns bringen. Sitzt auch diese Übung, kommt der nächste Schritt. Fortan wird nur noch mit dem Apportel gearbeitet. Nun muss der Hund lernen umzuschalten, von Sicht auf Vertrauen und Nase! Haben wir zunächst mit wenig Deckung gearbeitet, wählen wir nun eine Übungsfläche, auf der unser Dummy nicht gleich sichtbar ist, sondern erst auf wenige Meter Entfernung für den Vierbeiner erkennbar wird. Dabei beginnen wir mit der einfachsten Übung: Voranschicken und Bringen. Danach Voranschicken, Sitzkommando und dann von links oder rechts bringen. Da für den Lehrling das Ausarbeiten unserer Spur genauso einfach ist wie die Nasenarbeit auf einer Kaninchenschleppe, gehen wir dazu über, die Dummys weit zu werfen und uns den Platz zu merken. Der Hund darf das nicht sehen und muss abgelegt auf seinen Einsatz warten. Nachdem unser Vierbeiner nacheinander mehrere Dummys aus der Deckung apportiert hat, sind wir selbst schon zu versierten Einweisern geworden. Die folgenden Arbeitsschritte bauen auf dem bisher Erlernten auf. Wichtig ist, dass wir uns in die rationale Denkweise eines Jagdhundes hineinversetzen können. Sobald bei den Übungen chaotische Ergebnisse herauskommen, muss um einen oder gar um mehrere Schritte zurückgegangen werden. Sind wir derart weit gekommen, lassen wir uns weitere Übungen einfallen. Statt eines Dummys findet der Hund beispielsweise eine Schleppe vor, die dann zum Ziel führt, oder wir schicken den Hund zur anderen Seite eines Baches, wo die Beute irgendwo auf dem Acker liegt. Der Übergang vom Dummy zu Wildtieren ist die kleinste Hürde. Beim Training verwenden wir die Dummys, um das wertvolle Schleppwild aus der Gefriertruhe zu schonen.

Für das Training eignet sich ein Stofftier.
Wild ist dann später dran.

So ist er brav, Lob und Leckerli!

## 146 Einweisen im Wasser

Das Einweisen an Land muss bereits sicher sitzen, bevor an das Einweisen im Wasser überhaupt gedacht werden kann. Wasserarbeit verlangt den Hunden einiges an Kraft ab. Damit der Vierbeiner nicht unnötige Runden nach dem Zufallsprinzip schwimmen muss, können wir ihn zu den bereits verendeten Enten schicken, die für uns sichtbar im Gewässer dümpeln. Auf der Jagd fallen auch immer wieder Enten an das andere Ufer oder ins Gelände der gegenüberliegenden Seite. Einweisen hilft, denn es ist ja kein Geläuf vorhanden.

## 147 Lange Leine von Ufer zu Ufer

Die erste Übung ist, den Hund per Fingerzeig ins feuchte Element zu schicken. Bei wasserfreudigen Hunden ist das einfacher als bei jenen, die erst einmal schwimmen lernen mussten. Für die ersten Übungen ist ein breites, ruhig fließendes Gewässer ideal. Perfekt ist es zudem, wenn das Ufer nicht zu steil ist. Bei einem Fluss oder Kanal hat der Vierbeiner keine Chance, außen herum zu laufen. Er soll auf Kommando jedes Gewässer annehmen. Notfalls bringen wir ihn mit einer Hilfsperson dazu, die an einer langen Leine zieht, falls der Hund sich weigert, ins Wasser zu gehen. Die Leine ist in der Mitte ihrer Gesamtlänge mit der Hundehalsung verbunden, so dass der Vierbeiner in beide Richtungen dirigiert werden kann. Am anderen Ufer schwimmt dann auch bereits ein Dummy, damit die Arbeit mit einem Erfolg abgeschlossen werden kann. Der Hund bringt das Dummy und bekommt eine Belohnung. Nachdem die Übung mit der langen Leine einige Male wiederholt wurde, hat der Vierbeiner den Zusammenhang mit dem Schwimmen in eine bestimmte Richtung verstanden, und die Leine ist nicht mehr nötig.

Bevor das Einweisen im Wasser geübt wird, muss es an Land gut klappen.

Gerade bei der Wasserarbeit ist das Einweisen von Vorteil, da es dem Hund viel Kraft spart.

## 148 Dummy an Land ablegen

Im nächsten Schritt lassen wir durch den Helfer das Dummy an Land ablegen, etwa einen Meter vom Ufer entfernt, jedoch sichtbar für den Hund. Der muss nun das Wasser verlassen, um das Dummy zu holen. Manch ein Hund nimmt nun problemlos das Wasser wieder an um das Dummy zu bringen. Andere Hunde rennen am gegenüberliegenden Ufer auf und ab, und haben Probleme damit, das Wasser anzunehmen. Ein Glück, dass die lange Leine in zwei Richtungen weist. Falls der Vierbeiner wegen des Zuges an der Leine das Dummy fallen lässt, lassen wir an Druck nach und geben das verbale Kommando „Apport". Nach gutem Zureden wird der Hund das Wasser samt Dummy annehmen und apportieren.

Der Deutsch Kurzhaar hat den Dummy vom anderen Ufer geholt und schwimmt nun zurück zu seinem Führer.

## 149 Schleppe am anderen Ufer

Nachdem bei der Wasserarbeit zum Apportieren von Wild übergegangen wurde, sollte ein Helfer am gegenüberliegenden Ufer eine kurze Schleppe ziehen. Das ist eine sehr jagdnahe Übung und eine solche Situation kommt in der Praxis sehr oft vor.

## 150 Unterkühlung vermeiden

Einen richtigen Jagdhund kann kaltes und nasses Wetter nicht abschrecken, solang ... ja, solang er in Bewegung ist. Mit meiner DD-Hündin Dicke habe ich anderes erlebt. Nach einer halben Stunde Abliegen im Gras konnte sie kaum noch aufstehen. Ich bin mit ihr einige hundert Meter gelaufen und habe sie dann in eine Decke gewickelt, im Auto wurde es ihr wieder warm. Unsere Hündin Djinga war in einer gefährlichen Situation schlauer als wir: Bei Frost waren Beate als Hundeführerin und ich als Schütze zur Entenjagd eingeladen. Nach vorherigem Hochwasser hatte es Frost gegeben, und nach dem fallenden Wasserstand der Saale waren die Uferränder immer noch vereist. Eine gefährliche Situation für den Hund. Eine Ente fiel mitten in die Saale und Beate schickte Djinga zum Apport. Die erfahrene Hündin lief flussab, um der Ente den Weg im schnell fließenden Wasser abzuschneiden. Das Ergebnis war dennoch, dass sie ohne Ente zurückkam. Beate schnauzte sie an: „Apport“! Nochmals lief Djinga los. Sie brachte jedoch nicht die Ente, sondern Beates Rucksack, der am Frühstücksplatz zurückgeblieben war. Die schlaue Hündin hatte die Gefahr erkannt, die vom Gewässer ausging. Andererseits wollte sie Beate zufrieden stellen. Der Hund war klüger als alle anderen. Fazit: Bei solchen Bedingungen keine Entenjagd abhalten.

Im Training kann man dem Hund beibringen, auf Kommando zu bellen.

## 151 „Gib Laut“

In einigen Situationen kann es durchaus sinnvoll sein, wenn unser Hund lernt, nach Aufforderung Laut zu geben. Je nach Ausbildungsziel wird das verbale Kommando durch eine bestimmte Situation ersetzt, die dann das Bellen beim Hund auslöst.

## 152 Nicht so wie früher!

Bei der früher praktizierten Parforce-Methode hat man den Hund angeleint, damit er nicht abhauen konnte. Dann wurde die Leine über einen waagerechten Ast oder eine Teppichstange geworfen, damit er sitzen blieb und nicht beißen konnte. Nach dem Kommando „Gib Laut“ wurde dem Hund auf die Vorderpfoten getreten, bis er einen Schmerzlaut von sich gab. Sofort folgte das Lob, und die Übung wurde mehrmals wiederholt. Bald wurde der Ausbilder vom Hund angeschrien, sobald dieser nur den Fuß hob. Letztlich wurde aus dem ängstlichen Schreien ein Bellen.

## 153 Mit Wurst zum Laut

Für das Training werden keine extra Übungsstunden angesetzt. Nach Feierabend sitzen wir doch gern mal bequem auf einem Sessel. Unser Hund liegt nebendran, wie es sich gehört. Beiläufig spielen wir mit einer Scheibe Wurst in der Hand. Der Hund findet das natürlich sensationell, aber immer, wenn er der Hand zu nahekommt, ziehen wir sie weg und sagen deutlich „Laut". Wieder wird mit der Wurstscheibe gespielt und immer wieder ziehen wir die Hand weg. Irgendwann wird dem Vierbeiner dieses Spiel zu bunt. Sobald er zum ersten Mal winselt, und das wird er auf jeden Fall tun, bekommt er die Wurstscheibe mit dem Hinweis „Laut". Im weiteren Verlauf wird er sich mit dem Winseln nicht mehr so lange Zeit lassen. Schon bald wird er zum Bellen übergehen. Das ist der Beginn des Kommandos „Gib Laut".

## 154 Mit dem Hund „sprechen"

Da Hunde rational denken, kann ihr Bellen nach Aufforderung für verschiedene Zwecke eingesetzt werden. Der Vierbeiner kann Gäste begrüßen durch Sitz, Pfote geben und Bellen. Er kann lernen, sich durch Bellen die Tür öffnen zu lassen, falls er raus muss, um zu nässen oder sich zu lösen. Das geht ganz einfach: Wir gehen zu seinen Zeiten mit ihm zur Tür, lassen ihn Laut geben und öffnen erst dann die Tür. Nach einiger Zeit wird er allein zur Tür gehen und Laut geben, falls er raus muss. Doch bei einigen Hunden kann dieses Training kontraproduktiv sein. Vor allem wenn sie ein Leckerli möchten und das mit Bellen durchsetzen wollen. In dem Fall muss das Bellen ignoriert, oder in schlimmen Fällen mit einem deutlichen „Aus" beantwortet werden.

## 155 Totverbeller sinnvoll?

Es hört sich zunächst gut an: Der Jäger schnallt seinen Hund am Anschuss. Dieser findet das Stück und verbellt es, bis sein Hundeführer am Stück ist. Für die Praxis ist das Totverbellen oft jedoch nicht geeignet. Falls der Hund das Stück in weiter Entfernung oder hinter einem Hügel findet, kann es sein, dass der Hundeführer den verbellenden Hund gar nicht wahrnimmt. Dann bellt er sich die Seele aus dem Hals und kein Herrchen kommt.

Wir haben alle Zeit der Welt. Irgendwann meldet Hasso sich.

Ab hier ist es nur noch ein kleiner Schritt bis zum Laut auf Kommando.

## 156 Verweisen

Das Verweisen ist da schon näher an der Praxis. Der Hund pendelt so lange zwischen dem gefundenen Wild und dem Hundeführer hin und her, bis beide am Stück sind. Erst dann bekommt er seine verdiente Belohnung. Ganz wichtig ist, dass es sich um eine Totsuche handeln muss. Wir dürfen also den Hund nur ansetzen, wenn eindeutig Lungenschweiß am Anschuss liegt. Die Grundvoraussetzung zum Verweisen mit einem Bringsel ist die Ausbildung zum Apportieren. Hier darf es keine Lücken geben, und der Hund muss darin absolut firm sein.

## 157 Bringsel sinnvoll?

Da der allein arbeitende Hund mit seiner Halsung im Wald überall hängen bleiben kann, ist die Arbeit gefährlich. Schließlich muss ja das Bringsel an einer langen Strippe hängen, die es dem Hund ermöglicht, das Bringsel aufzunehmen. Die Länge der Strippe wird der Größe des Hundes angepasst. Durch das Chaos in den Wäldern, bedingt durch umgefallene Bäume und abgebrochene Äste, kann der Hund überall hängen bleiben. Deswegen muss die Halsung durch ein dehnbares Band ersetzt werden, das sich über den Kopf ziehen lässt. In dem Fall wäre auch gleich das Bringsel weg, und der Hund könnte seine Arbeit nicht vollenden.

## 158 Bringselverweisen ohne Bringsel

Für das Training sind als Belohnung attraktive Leckerlis unbedingt nötig. Wir benötigen eine getrocknete Decke oder Schwarte vom Wild. Nachdem der Hund die Decke ausgiebig bewinden durfte, legen wir ein leichtes Dummy dar-

Apportiert der Hund sicher, kann die Ausbildung zum Bringselverweisen erfolgen.

Für das Verweisen außer Sichtweite muss das Training mit dem Hund im Wald erfolgen.

auf, welches der Vierbeiner schon oft gebracht hat. Mit dem Hund gehen wir einige Schritte zurück und schicken ihn dann zum Bringen. Nachdem er gebracht hat, gehen wir mit ihm gemeinsam zur Decke und erst dort gibt es dann unter Lob das Leckerli. Diese leichte Übung macht dem Hund bestimmt Freude. Bei jeder der folgenden Übungen entfernen wir uns immer zwei bis fünf Meter weiter von der Decke. Der Hund begreift schon bald, dass es das Leckerli nur an der Decke gibt, und läuft freudig vor. Wir lassen den Hund einige Male ein Stöckchen holen. Erst danach legen wir das Stöckchen auf die Decke oder Schwarte. Sobald der Vierbeiner das Stöckchen bringt und uns zum Ziel führt, verwenden wir ein anderes Stöckchen. Wenn auch das klappt, legen wir den Gegenstand an den Rand der Decke. Danach legen wir den Gegenstand neben die Decke. Die Entfernung zur Decke variiert, mal ganz nah dran, mal in bis zu einem Meter Entfernung. Im nächsten Schritt legen wir zwei oder drei Stöckchen im Umkreis von einem Meter zur Decke aus. Der Hund hat nun die Wahl. Vermutlich wird er sich für das erstbeste Stöckchen entscheiden. Dann versuchen wir es noch mit kleinen Steinen, die wir zunächst auf die Decke legen und danach auch neben die Decke. Wenn es möglich ist, wird der Hund sich immer für ein Stöckchen entscheiden. Weiter geht es mit Grasbüscheln, die wir mithilfe eines kleinen Kabelbinders manipulieren. Auch ein Laubbündel ist denkbar. Nach einigem Training, das auf viele Tage verteilt wurde, sucht sich der Hund nah an der Decke selbst ein Stöckchen oder Ähnliches zum Bringen. Der große Vorteil dieser Methode besteht darin, dass er kein Bringsel braucht, sondern uns mit einem kleinen Gegenstand aus der Nähe des verendeten Stücks zeigt, dass er fündig geworden ist.

## 159 Verweisen außer Sichtweite

Der Hund muss nun lernen, vom Stück auf eigener Fährte zurückzukommen, auch wenn er uns nicht mehr eräugen kann. Daher verlagern wir das Training in den Wald. Alternativ kann auch ein Hügel im Feld oder in einer Wiese hilfreich sein.

## 160 Das Pendeln zwischen Stück und Hundeführer

Da auch eine Totsuche durchaus über 150 Meter betragen kann, ist die Kommunikation zwischen Hund und Führer oft nicht so einfach. Ganz besonders nicht, wenn das Stück in eine Dickung geflüchtet ist oder die Arbeit in der Dunkelheit stattfinden soll. Nach dem Finden des Stücks kommt der Hund auf jeden Fall zurück. Danach rennt er wieder zum Stück und wartet dort. Der Hundeführer hat aber den Sichtkontakt verloren und steht nun verlassen im Wald. Diese Situation wird bereits beim Training herbeigeführt. Der Hundeführer bleibt absichtlich immer wieder stehen und ruft den Vierbeiner zu sich. Mit den auffordernden Worten „zum Stück, zum Stück" und einer entsprechenden Handbewegung geht die Arbeit weiter. Der Jäger wartet auch mal etliche Meter links oder rechts von der Fährte, denn er würde sich zum Verfolgen des Hundes immer den leichtesten Weg im Wald suchen, und der liegt nicht immer auf der Fährte. Wenn dann beide am Stück sind, gibt es die besondere Belohnung.

## 161 Riemenarbeit oder Verweisen?

Grundsätzlich ist der Riemenarbeit der Vorzug zu geben. In Einzelfällen ist es aber auch umgekehrt. Falls mitten in der Nacht ein Stück

Findet man am Anschuss Lungenschweiß, kann auch in der Nacht nachgesucht werden.

Schwarzwild erlegt wurde, sollte eine Nachsuche erfolgen, sofern Lungenschweiß zu finden ist. Ansonsten ist das Wildbret am nächsten Morgen verludert. Die Arbeit mit einem Verweiser ist dann für den Hundeführer sicherer.

## 162 Saugatter und eventuell Stöberprüfung

Bevor ein Jagdhund zum Stöbern im Hochwildrevier eingesetzt wird, sollte unbedingt ein Besuch im Saugatter erfolgen. Hier hat der Hund die Gelegenheit, mit Schwarzwild konfrontiert zu werden. Unter dem Suchbegriff „Schwarzwildgatter in Deutschland" findet man eine Übersicht der Adressen im Bundesgebiet. Schon nach kurzem Training erkennt man dort, ob der Hund für die Stöberarbeit geeignet ist. Mit unserem einjährigen Terrier Filou nahmen wir eine Einladung ins Gatter wahr. Zunächst wurde eine lange Leine eingesetzt. Den Frischlingen wollte Filou unbedingt an die Drossel, obwohl diese bereits mutig nach ihm schlugen. Der Gattermeister schlug einen zweiten Termin vor, bei dem Filou mit einer starken Sau konfrontiert werden sollte: „Dann hat er vielleicht Respekt!" Das war die Hoffnung von Gattermeister Thomas. Es kam zwei Wochen später zu dem zweiten Termin. Ungeachtet der eigenen Situation, 7,4 kg leicht und erst ein Jahr alt, wollte Filou sich auf den Keiler stürzen. Die Leine bremste ihn bei 60 bis 70 Zentimetern Entfernung. „Warum lässt du den Hund nicht näher ran", fragte ich Thomas. „Ich kenne den Keiler, er tut so, als wäre kein Hund da, aber wenn er den Eindruck hat, ein Hund kommt ihm zu nahe, dann schlägt er im Bruchteil einer Sekunde zu. So schnell kannst du den Terrier nicht zurückziehen. Und das gibt böse Verletzungen! Also, wenn du mich fragst, wenn dieser Hund zum Stöber-Einsatz kommt, dann wird er nicht alt. Wenn du den morgen im Maisfeld stöbern lässt, dann kannst du ihn am Abend nur noch beerdigen. Solch eine Schärfe habe ich bei einem Parson-Russel noch nicht erlebt. Das haben wir sonst nur bei einigen der Deutschen Jagdterrier." Wir konnten noch andere Hunde bei der Arbeit beobachten. Sie durften frei im Gatter agieren und verbellten auf zwei Meter Entfernung die Schwarzkittel, die das Ganze nicht interessierte. Angesichts dessen, dass Filou inzwischen unsere Herzen als Familienmitglied erobert hatte, fasste ich kurzerhand den Entschluss, auf die Stöberarbeit zu verzichten und Filou nur bei der Schweißarbeit einzusetzen. Das ist schließlich eine wichtige und ehrenvolle Aufgabe. Im Normalfall läuft die Stöberprüfung im Gatter so ab, dass der Hund die Sauen innerhalb von fünf Minuten finden und dann drei Minuten lang verbellen soll.

## 163 Bewegungsjagden

Bei Bewegungsjagden kommt den Jagdhunden immer mehr Bedeutung zu. Passionierte Treiber, die auch mal durch einen Dornenverhau krabbeln, werden immer seltener. Zum einen werden Hunde vom Stand aus geschnallt. Zum anderen gehen auch Hundeführer mit durch das Treiben. Wurde ein Stöberhund mehrmals vom Drückjagdstand aus geschnallt, so hat er sich in aller Regel selbst beigebracht, auf seiner eigenen Fährte wieder zum Stand zu finden. Wird jedoch der Plan irgendwann geändert und der Hundeführer soll mit durchgehen, dann hat der Hund oft ein Problem. Der Vierbeiner muss folglich lernen, der Spur seines Führers zu folgen. Das Training im Wald ist leicht und macht Spaß. Eine Hilfsperson hält dem Hund Augen und Behänge zu, während sich Herrchen oder Frauchen entfernt. Der Vierbeiner folgt der Spur und bekommt sein Leckerli.

## 164 Im Saugatter

Stöbern, das wäre vielleicht etwas für Filou. Für einen Terrier gehört das eigentlich zu den Hauptaufgaben. Darum entschieden wir uns, mit Filou im Saugatter Stadtroda an einer Übungsstunde teilzunehmen. Eine wahrhaft gute Gelegenheit, den Kleinen mit Schwarzkitteln zu konfrontieren. Bei der ersten Chance dieser Art wird der Hund an der langen Leine geführt. Vor Filou waren ein Weimaraner und ein Wachtel an der Reihe. Die etwa 30 Kilogramm schweren Frischlinge wurden mit Mais angelockt, nahmen diesen gleich an und hielten die gelben Körner für wesentlich wichtiger als die etwas lästigen Hunde. Beide Stöber-Anwärter verbellten artig und mit Abstand die kleinen Sauen und wurden bei ihrer ersten Übung auch schon geschnallt. Es bestand keine Gefahr für Hund und Frischling, da die beiden ihren Defensiv-Status richtig einschätzten. Die Spannung stieg und Filou war endlich an der Reihe. Ich führte ihn an der langen Leine, und er kam den Frischlingen bis auf 20 Zentimeter nahe. Eines der kleinen Wutzen schlug auch schon mal nach Filou, als ihm die Bedrängnis zu bunt wurde. Um es kurz zu machen: Filou wich keinen Zentimeter zurück. Er gab ständig Laut und fletschte die Zähne. Ich musste ihn mit der Leine zurückhalten, sonst wäre er den Frischlingen an die Schwarte gegangen. Deshalb wurde er nicht geschnallt. Der Übungsleiter war der Auffassung, dass Filou einen Monat pausieren sollte, um danach mit einem erwachsenen Schwein konfrontiert zu werden, das ihm dann vielleicht etwas Furcht und Vorsicht einflößen könnte. Den zweiten Versuch wollte ich gern noch wagen. Bereits als wir auf dem Parkplatz neben dem Gatter hielten, sprudelte Filous Passion über. Er fing im Fond des Wagens an zu randalieren und wollte an die Sauen. Schon bald ging es los, denn die Veranstaltung war exklusiv.

Der kleine Filou war von dem starken Keiler völlig unbeeindruckt.

# GESUNDHEIT UND PROBLEME

# TIPPS – RUND UM HUNDE-GESUNDHEIT UND PROBLEME

Trotz aller Sorgfalt und einer gründlichen Welpeneingewöhnung sowie Erziehung kann es immer mal zu gesundheitlichen Problemen oder Verhaltensauffälligkeiten beim Vierbeiner kommen. Dann hilft überlegtes Handeln.

## 165 Falls es doch einmal ernst wird

Es kann durchaus dazu kommen, dass zwei Hunde in einen ernsthaften Kampf verwickelt sind. Sei es durch Unachtsamkeit, anlässlich der Hundeschule oder bei einem Spaziergang, bei dem plötzlich ein freilaufender Hund angreift. Selbst die eigenen Hunde können sich gelegentlich wegen Eifersucht in die Haare kriegen. Unsere Terrier-Hündin Bitchi war bereits einige Zeit bei uns, als die einjährige Jagdterrier-Hündin Erle hinzukam. Gelegentlich haben die beiden Hündinnen sich derart ineinander verbissen, dass los-

Hier ist es noch Spiel, aber es kann ernst daraus werden.

lassen für keine von beiden eine Option war. Ich nahm die zwei an den Hinterläufen hoch und steckte sie gemeinsam in unsere Regentonne. Unter dem Motto: ‚Hilfe, wir ertrinken!', ließen sie dann los. Selbst danach mussten beide getrennt untergebracht werden, sonst hätten sie den Kampf augenblicklich fortgesetzt. Die meisten Bissverletzungen entstehen, wenn Hundebesitzer ihre raufenden Lieblinge voneinander trennen wollen. Die Folgekosten in der Ambulanz eines Krankenhauses sind dann erheblich höher als die Tierarztkosten. Also niemals mit den Händen dazwischen gehen! Es ist keine böse Absicht, wenn der Hund im Eifer des Gefechts den Mensch erwischt.

## 166 Jagdhündin kastrieren oder nicht?

Bei einer Hündin für den Jagdbetrieb stellt sich die Frage eigentlich nicht. Ganz viele Hündinnen bekommen hormonelle Probleme, wenn sie die Hitze hinter sich haben. Der Volksmund spricht von Scheinschwangerschaft. Ich bezeichne das Phänomen als Scheinmutterschaft, denn es tritt nach Ende der eigentlichen Tragzeit auf, also nach etwa 60 Tagen. Der Ursprung dieser Besonderheit mag lange zurückliegen. Bei Wolfsrudeln war und ist es natürlich, dass nur die Alphawölfin Welpen bekommt. Die Tanten der Welpen werden „scheinmuttrig", haben Milch im Gesäuge und können bei der Aufzucht der Kleinen helfen. Das Auftreten einer Eklampsie, bei der das Muttertier aufgrund von Überforderung Krampfanfälle bekommt, wird dadurch verhindert. Selbst nach einem Unfall der Alphawölfin könnten die Welpen aufgezogen werden und somit ist der Fortbestand des Rudels gesichert. Falls also mit der Jagdhündin nicht gezüchtet werden soll, ist unbedingt zu einer Kastration zu raten. Bei jeder Hitze könnte sie sonst nicht zur Jagd eingesetzt werden. Einerseits weil sie Rüden, die auch bei einer Jagd anwesend sind, total verrückt machen würde. Anderseits, weil ihre Arbeitsfähigkeit und Konzentration eingeschränkt ist. Auch die Haltung im Haus während der Hitze ist ein Problem, weil die Hündin wenigstens zehn Tage lang färbt, also Blut verliert. Die bereits erwähnte Scheinmuttrigkeit führt ebenfalls zu wochenlangem Ausfall und kann sogar eine Entzündung des Gesäuges hervorrufen. Auch das Verhalten der Hündin ändert sich komplett, typisch sind: Müdigkeit, Antriebslosigkeit, besondere Anhänglichkeit und Nestbauverhalten. In manchen Fällen werden bestimmte Gegenstände oder gar Menschen als Welpen angesehen.

## 167 Mindestens ein Mal Welpen?

Damit eine Hündin gesund bleibt, sollte sie wenigstens ein Mal in ihrem Leben Welpen haben. Diese These wird manchmal sogar von Tierärzten verbreitet. Das ist nicht nachvollziehbar. Man sollte mit einer Hündin nur züchten, wenn man Welpen haben möchte. Ob eine Hündin gesund bleibt oder nicht, hat damit nichts zu tun.

## 168 Jagdhündin bereits vor der ersten Hitze kastrieren

Ohne vernünftigen Grund darf ein Tierarzt die Kastration nicht vornehmen. Ein vernünftiger Grund wäre beispielsweise eine Entzündung an den weiblichen Geschlechtswegen. Bei einem Rüden wäre bereits ein vernünftiger Grund gegeben, wenn er Artgenossen gegenüber unnatürlich aggressiv ist. Zurück zur Hündin:
Vor der ersten Hitze sind die betroffenen Organe noch nicht so stark durchblutet. Die OP lässt

Die beiden Labradorhündinnen kurz nach der Kastration vor der ersten Hitze. Geteiltes Leid ist halbes Leid. Trotzdem hat meine Frau Beate die erste Nacht mit den beiden auf dem Teppich verbracht.

sich leichter durchführen. Ich durfte solchen Operationen schon selbst durch Einladung eines befreundeten Tierarztes beiwohnen, und es war eine saubere und übersichtliche Sache. Manche Tierärzte neigen dazu, nur die Eierstöcke zu entfernen. Aber wenn schon solch ein großer Eingriff durchgeführt wird, dann sollte bei der Gelegenheit die Gebärmutter mit entfernt werden. So kann die Hündin später keinen Gebärmutterkrebs bekommen.

## 169 Wird eine Hündin nach der Kastration unförmig?

Der Volksmund sagt, dass Hündinnen nach der Kastration übergewichtig werden. Das ist nicht der Fall. Nach meinen Erfahrungen hängt das Gewicht nur mit der Futtermenge zusammen.

## 170 Wie oft füttern?

Viele Verhaltensweisen von Hundeführern ranken sich noch um alte Überlieferungen. So hieß es, dass ein Hund nur ein Mal pro Tag gefüttert werden soll, und dass er pro Woche einen Fastentag einlegen muss. Fakt ist, dass Hunde einen Dehnungsmagen haben. Sie wären durchaus in der Lage, sich zu überfressen und anschließend tagelang herumzuliegen, um zu verdauen. Fakt ist aber auch, dass unsere Hunde domestiziert sind. Es handelt sich nicht mehr um wilde Tiere. Gesund ist, einen erwachsenen Hund zweimal am Tag zu füttern. Gerade große Hunde sollten den Magen nicht zu voll haben, da sie beim Herumtoben eine Magendrehung bekommen können. Falls das beim wilden Rennen oder bei der Jagd passiert, hilft nur noch eine schnelle OP. Ansonsten tritt der Tod ein. Ich rate, Hunde nur in Ausnahmefällen, also an Jagdtagen und zu

Prüfungen, ausschließlich am Abend zu füttern. Wie sagt der Volksmund: „Voller Bauch studiert nicht gern!" So geht es auch unseren Jagdhelfern. Die Bereitschaft zur Arbeit und die Konzentrationsfähigkeit ist mit leerem Magen deutlich verbessert. Dafür gibt es dann am Abend deutlich mehr Futter.

## 171 Keine Futterexperimente

Karrierehunde, also solche, die täglich mit im Haus leben, müssen besonders ausgewogen ernährt werden. Zum Glück gibt es heutzutage sehr gutes Trockenfutter. Haben wir einmal die ideale Sorte gefunden, bei der der Vierbeiner gesund und kräftig bleibt, sollten wir nicht mehr experimentieren. Unsere Teckelhündin Rapunzel ist fast 20 Jahre alt geworden, und das nur mit Trockenfutter. Unproblematisch ist mageres Muskelfleisch, das zwischendurch gut vertragen wird. Keine Frage, unsere Hunde würden mit Begeisterung frischen Pansen, Blättermagen, Leber oder Euter fressen. Mit ziemlicher Sicherheit bekämen sie jedoch anschließend Durchfall, den sie in ihrer Panik auch noch im ganzen Haus verteilen würden. Selbst manch verständnisvollem Hundehalter käme dann doch der Gedanke, den Hund lieber im Garten zu halten. Dabei war das Malheur möglicherweise seine eigene Schuld. Folglich gilt: Bei Haushunden keine Experimente mit dem Futter.

## 172 Den Futterpellets Wasser beimischen

Manche Hunde vertragen Futterpellets nicht. Das Trockenfutter wird nach der Aufnahme sofort wieder hochgewürgt. In dem Fall sollte so viel Wasser hinzugegeben werden, bis die Pellets schwimmen. Es ist nicht nötig zu warten, bis das Futter aufgequollen ist. Sofort kann der Napf gereicht werden, und in aller Regel bleibt das Trockenfutter dann im Magen.

Verträgt der Vierbeiner Trockenfutter nicht, sollte es vor dem Füttern in Wasser eingeweicht werden.

## 173 Fütterungszeitpunkt

Hunde werden schnell zu Gewohnheitstieren, besonders wenn ihre Menschen ihnen das vormachen. Geben wir immer genau zur gleichen Uhrzeit das Futter, so stellt der Vierbeiner sich darauf ein und besteht auch darauf. Falls es dann mal nicht so pünktlich klappt, kann dies durchaus zu unnötigen Kläffkonzerten führen. Deshalb sollten wir es mit den Uhrzeiten für die Futtergaben nicht immer so genau nehmen.

Man tut dem Hund keinen Gefallen mit Zusatzrationen. Auch die Gabe von Leckerlis muss bei der Futtermenge Berücksichtigung finden.

## 174 Übergewicht

Man sagt, dass massives Übergewicht die Lebensdauer eines Hundes stark verkürzt. Klar, dass solch ein Zustand nicht geduldet werden darf. Ich höre in solchen Fällen immer wieder, dass nicht der Besitzer, sondern andere Familienmitglieder die Schuld an der Misere tragen. Es ist wesentlich leichter, den Hund abnehmen zu lassen, als wenn man selbst abnehmen wollte. FDH heißt das Zauberwort, friss die Hälfte.

Schlimmstenfalls führt das Fressen von Zwiebeln bei Hunden zum Tod.

## 175 Keine Zwiebeln!

Hunde sind durchaus domestizierte Tiere. Bevor wir Reste der eigenen Mahlzeit wegwerfen, geben wir diese gelegentlich den Hunden, denn diese freuen sich besonders über Nudeln oder Reis. Aber auf keinen Fall dürfen Zwiebeln gegeben werden, denn diese verursachen entweder sofortiges Erbrechen oder führen schlimmstenfalls zum Tod.

## 176 Falls doch mal der Durchfall kommt

Es muss nicht immer eine schlimme Krankheit sein, wenn der Hund doch mal Durchfall hat. Er kann sich an jeder Straßenecke mit schädlichen Darmbakterien infiziert haben. Diese kleinen, krankmachenden Mikroorganismen lieben die Zufuhr von Eiweiß. Daher setzen wir den Vierbeiner zunächst einmal auf eine zweitägige Nulldiät. Danach wird er für einige Tage nur mit

Kohlehydraten ernährt. Am besten ist Reis oder Milchreis, der aber unbedingt in Leitungswasser gekocht werden muss. Danach sollte der Hund alles überstanden haben. Ist das nicht der Fall, führt der nächste Gang zum Tierarzt!

## 177 Keinen Schnee fressen lassen

Der Hund ist im Winter für einige Stunden im Garten. Seine Wasserschüssel ist eingefroren. Es beginnt zu schneien. Da der Vierbeiner großen Durst hat, frisst er nach kurzer Zeit den gefallenen Schnee. Das kann, muss aber nicht, zu einer schwerwiegenden Schneegastritis führen. Dies ist eine Entzündung der Magenschleimhaut. Blutiger Durchfall ist nur eines der Symptome, die dem Hund dann blühen. Bei Frostwetter also immer warmes Wasser hinstellen, notfalls mehrmals am Tag erneuern!

Bei Schnee muss immer warmes Wasser zur Verfügung stehen.

## 178 Kotfressen

Das Fressen von Kot ist im Tierreich weit verbreitet. Bei Hunden ist es ebenfalls relativ häufig. Schädlich ist es in jedem Fall, weil der Hund sich dadurch mit Parasiten infizieren kann. Als Welpe lernte er bereits den Befehl: „Aus!". Damit wird er künftig vom Kotfressen abgehalten. Es passt nicht zu unserer Lebensweise, wenn der Hund uns freudig begrüßt und aus dem Fang nach Kot stinkt.

## 179 Gras fressen

Der Volksmund sagt: „Wenn Hunde Gras fressen, dann gibt es Regen!" Das stimmt, die Frage ist nur, wann es regnet. Eigentlich fressen alle Hunde gelegentlich Gras. Das ist nicht weiter schädlich. Meist erbrechen sie es nach einiger Zeit wieder. Da Hunde jedoch keine Allesfresser sind und somit keine Zellulose verdauen können, hilft auch hier das Kommando „Aus!"

Dass Hunde Gras fressen, ist völlig normal.

## 180 Fressen von Gegenständen

Gerade bei Welpen kommt es oft vor, dass diese mit kleinen Steinen nicht nur spielen, sondern auch mal welche verschlucken. Im Normalfall kommen die Steine auf natürlichem Wege wieder ans Tageslicht. Falls der Welpe keine gesundheitlichen Schwierigkeiten bekommt, wie Appetitlosigkeit, Fieber oder einen runden Rücken, der auf Magenschmerzen hindeutet, kann getrost abgewartet werden. Ansonsten sofort den Tierarzt aufsuchen. In jedem Fall sollte das Fressen von Gegenständen unterbunden werden, wenn dazu Gelegenheit ist. Unser Schweißhund Dachs war in dieser Hinsicht ein besonderes Talent. Obwohl gut im Futter, hatte er trotzdem immer Hunger. So hat er mal in einer unbeobachteten Stunde aus einem Karton den Inhalt geleert. Es handelte sich um ein Probesortiment einer hier ortsansässigen Lebensmittelfabrik. Dabei ging es um schwäbische Maultaschen, Thüringer Kloßmasse, deutsche Kartoffelpuffer und italienischen Pizzateig. Doch nicht nur der Inhalt hatte es ihm angetan, die Verpackungen aus Plastik und Alufolie hat er auch noch mitgefressen. Bereits nach zwei Tagen kamen die Verpackungen wieder raus. Jedoch waren sie gedreht, wie Marderlosung. Auch ein Pferdehalfter aus Leder hat er mal samt Metallbeschlägen verputzt. Alles kam in kleinen Stücken wieder zum Vorschein. Einen Tierarzt haben wir nicht hinzugezogen, da er keinerlei Anzeichen von Unwohlsein zeigte. Es heißt ja: Ein Schweißhund muss verfressen sein, um gut zu arbeiten.

## 181 Angst beim Tierarzt

Muss der Hund zum Tierarzt, so kann das zu einem Problem werden, wenn er nie mit solch einer Situation zu tun hatte. Für die Untersuchung muss der Hund normalerweise auf einen Tisch. Viele bekommen es dann mit der Angst zu tun. Der Blick, die Körperhaltung und die Stellung der Behänge lassen uns die Angst rasch erkennen. Der versierte Tierarzt wird dann einen Maulkorb anlegen. Einer äußerlichen Untersuchung oder dem Geben einer Spritze steht dann nichts mehr im Weg. Nur in den Fang schauen, das ist mit Maulkorb nicht möglich. Wird dies beim Tierarzt jedoch unter Zwang gemacht, wird die Angst beim Arztbesuch beim nächsten Mal noch stärker. Der Hund wird dann schon beim Anblick des Wartezimmers in Panik verfallen. Deshalb sollte bereits zuvor geübt werden. Keine Probleme beim Arztbesuch bekommt, wer bereits einen Welpen regelmäßig (alle zwei Wochen) auf einen Tisch stellt und nacheinander folgende Aktionen durchführt. Noch besser ist es, wenn die Aktionen von einem Helfer durchgeführt werden, der einen weißen Kittel trägt.

— In die Behänge schauen und diese mit Q-Tips für Hunde oder Babys reinigen
— In den Fang schauen und die Zähne kontrollieren
— Die Augenlider leicht spreizen
— Den Körper abtasten und nach Zecken suchen
— Die Pfoten untersuchen
— Die Analdrüsen ertasten

## 182 Medikamente geben

Es kommt immer wieder vor, dass Medikamente oder Behandlungsmittel über den Fang gegeben werden müssen. Das beginnt bei der Entwurmung und setzt sich über Mittel gegen Zecken und Flöhe fort. Einige Hunde nehmen die Tabletten sofort, wenn sie nur nach Leberwurst riechen. Andere hingegen sind misstrauisch: ‚Leberwurst vom Löffel, da muss doch was dahinterstecken.' Sie untersuchen den Brocken mit der Zunge und speien die Tablette wieder aus.

Wenn schon der Welpe lernt, vom Löffel zu essen, bekommt er später auf diese Weise seine Tabletten, z. B. gegen Parasiten.

Da hilft eine vertrauensbildende Maßnahme. Dazu fünf oder sechs gleichgroße Leberwurstbällchen vorbereiten und ins das letzte die Tablette stecken. Das wird dann genauso verschlungen, wie die anderen zuvor. Hilfreich ist es, wenn bereits der Welpe lernt, Verschiedenes vom Löffel zu fressen. Schon bald macht der Hund den Fang auf, anstatt den Löffel nur abzulecken.

## 183 Analdrüsen ausdrücken

Wenn der Hund mit dem Weidloch über den Boden rutscht, man nennt das bezeichnender Weise „Schlittenfahren", so hat er vermutlich Darmwürmer oder die Analdrüsen sind zu voll. Da kann man selber Abhilfe schaffen. Am besten hebt man den Hund auf einen Tisch im Freien. Es wird eine Hilfsperson benötigt. Die muss den Patienten an Kopf und Halsung festhalten. Die Analdrüsen sitzen links und rechts vom Weidloch. Um die Drüsen auszudrücken, sind Gummihandschuhe wichtig, denn das Sekret stinkt scheußlich. Außerdem sollte hinter dem Hund Zeitungspapier ausgelegt werden. Falls der Drüseninhalt herausspritzt, ist es besser, er landet auf der alten Zeitung. Eine Hand hält die Rute nach oben, Daumen und Zeigefinger der anderen Hand ertasten die Drüsen. Diese werden dann von hinten nach vorn ausgedrückt. Sollte der Inhalt der Drüsen bereits verhärtet sein, muss ein Tierarzt aufgesucht werden. Schlimmstenfalls droht eine Entzündung oder totale Verhärtung der Drüsen. Dann hilft nur noch eine Operation. Also besser gleich handeln! Aber es ist auch keine Schande, wenn man von vornherein das Ausdrücken der Analdrüsen einem Tierarzt überlässt.

Zum Ausdrücken der Analdrüse benötigt man einen Helfer und Gummihandschuhe.

Auf den ersten Blick kaum zu glauben: Flachmann und Traubenzucker im Kasten für Erste Hilfe.

Wenn Hasso erst einmal Erfolg hatte, dann gibt er keine Ruhe mehr mit seinem Gekläff.

## 184 Schnaps und Zucker gegen Verausgabung

Dass der Hundeführer eine kleine Tasche für die Erste Hilfe mit dabei hat, ist klar. Dort hinein gehören auch ein Flachmann mit Schnaps sowie Traubenzucker. Vor allem Terrier verausgaben sich manchmal derart beim Stöbern, dass sie zusammenbrechen. Vermutlich ist dann Unterzuckerung die Ursache. Der Hundeführer löst dann Traubenzucker in seinem Mund mithilfe von etwas Schnaps auf und spuckt es dem Stöberer in den Fang. Der regeneriert innerhalb weniger Minuten und will sofort weiterarbeiten.

## 185 Zwingerkläffen – (k)ein Problem

Grundsätzlich gehört meiner Auffassung nach kein Hund in einen Zwinger. Dennoch mag ich gelegentlich die Annehmlichkeiten dieser Unterbringung, wenn es um meine Interessen geht, nicht missen. Zunächst stellt sich die Frage: Was will unser Hund uns mit Zwingerkläffen sagen? Führt doch dieser Aspekt zu völlig neuen Erkenntnissen und bringt uns der Frage deutlich näher, wie wir unerwünschtes Verhalten beim Hund korrigieren können. Das Kläffen im Zwinger ist nie angeboren, sondern ein Resultat der Verständigungsschwierigkeiten, die nun mal zwischen Hund und Mensch bestehen. Die ganze Hundeausbildung ist darauf gerichtet, dass wir Hundehalter nicht nur Rudelmitglieder für den Hund sind, sondern dass wir die Meute leiten. Mögen wir auch manches Mal lächeln und Gefallen daran finden, wenn Hunde ein gewisses Eigenleben führen, so müssen wir ihnen doch klare und fest definierte Grenzen setzen, an denen sie sich zu orientieren haben. Bei einigen Hunden ist das ziemlich einfach, aber bei vielen ist es mit Arbeit und Schwierigkeiten verbunden. Was die Ruhe unseres Hundes im Zwinger angeht, so legen wir besonderen Wert auf allgemeine Disziplin! Bereits als Welpe lernt der Hund, allein zu sein. Dabei hilft uns die Übung „Ablegen“. Während der Ausbildung dazu stellen wir hohe Anforderungen an unseren Vierbeiner. Die Latte muss deutlich höher gelegt sein als bei den Prüfungsanforderungen. Soll der Hund bei der Prüfung zehn Minuten abliegen, so üben wir das mit über einer Stunde. Der Hund, den wir abholen, und der erst aufstehen darf, wenn wir seinen Körper mit der Hand berühren, entwickelt eine gewisse Gelassenheit, wenn er allein ist. Nach häufigem Üben weiß er genau, dass Herrchen oder Frauchen ihn irgendwann wieder abholen werden. Diese Übung findet nicht nur im Gelände statt, sondern auch in der Wohnung. Ja, auch in der Wohnung. Ein Hund gehört nicht nur in den Zwinger. Der Zwinger ist Aufenthaltsort für den Hund, wenn es nicht anders geht: Wenn Herrchen bei der Arbeit ist oder wenn Leute mit Hundeallergie zu Besuch sind. Vergessen wir nie, dass der Hund in manchen Situationen sein Leben für uns riskiert! Also lassen wir ihn möglichst oft an unserem Leben teilhaben. Bereits der Welpe muss lernen, den Hundezwinger als etwas Positives zu betrachten. Bei jedem Gang in den Zwinger geben wir dem Hund eine Belohnung – ein ganz besonderes Leckerli oder eine Scheibe Wurst. Unseren Hunden stellen wir beim Gang in den Zwinger immer dieselbe Frage: „Welcher Hund möchte in den Zwingerclub?“ Daraufhin laufen alle Hunde vor und warten bereits im Zwinger auf ihre Belohnung. Mit jungen Hunden klappt das sehr gut, und durch die konsequente Ausbildung sind sie es gewohnt, eine Zeitlang allein zu sein.

## 186 Zwingerkläffer – und nun?

Mit seinem Kläffen im Zwinger will der Hund uns etwas sagen. ‚Ich will hier raus!‘ Aus Rücksicht auf die Nachbarn haben wir den Vierbeiner immer aus dem Zwinger genommen, wenn er Laut gab. Dann war er ruhig. Der Hund hat so gelernt: ‚Wenn ich nur anhaltend und lange genug belle, dann werde ich aus dem Zwinger geholt und darf mit in die Familie, so wie ich das möchte.‘ Hat der Hund diese Verhaltensweise erst einmal begriffen, ist es für uns schwer, das

Teckeldame Rapunzel hatte mit ihrem Gekläff Erfolg.

unerwünschte Verhalten zu korrigieren. Ein Hund will mit seiner Aktion immer etwas erreichen. Er denkt rational, er handelt, und er erwartet daraufhin von uns eine Reaktion in seinem

Für die installierte Brause müssen wir nur von Weitem den Wasserhahn aufdrehen.

Der Strahl aus einer leistungsstarken Wasserpistole ist sehr beeindruckend. Das wollte Hasso mit seinem Gekläff nicht erreichen.

Sinne. In diesem Fall bedeutet das: ‚Ich belle, und wenn ich das lange genug mache, dann holt Herrchen oder Frauchen mich aus dem Zwinger.' Wir können dieses durch Erfahrung und vom Hund selbst Erlernte nur korrigieren, indem der Hund mit seinem Gebell etwas erreicht, was er eigentlich gar nicht wollte. Folge: Er wird das Bellen einstellen. Diese Grundregel lässt sich eigentlich auf jegliches unerwünschte Verhalten anwenden. Das Gekläffe im Zwinger können wir nicht so nebenbei abstellen. Wir müssen für einige Tage präsent sein. Bei sensiblen Hunden mag es genügen, wenn wir mit ihnen schimpfen, anstatt die Zwingertür zu öffnen. Bei den meisten Hunden genügt das jedoch nicht. Selbst für wasserfreudige Hunde ist ein Wasserstrahl an Land eher unangenehm. Wir iinstallierten also über dem Zwinger eine Wasserbrause und antworteten auf Gekläffe, indem wir von weitem nur kurz den Wasserhahn aufdrehten. Selbst traten wir dabei nicht in Erscheinung. Alternativ können wir auch bei jedem Gekläff zum Zwinger gehen und dem Hund als Antwort einen Schuss aus der Wasserpistole verpassen. Wenn unser Hund lernt, dass auf Bellen immer nur der Wasserstrahl zum Einsatz kommt, wird er lernen, dass sein Gebell nicht zum Erfolg führt.

## 187 Elektrische Halsbänder nur bedingt

Im Handel werden Reizhalsbänder angeboten, die mit einem Mikrofon ausgerüstet sind, und dem Hund einen Strafreiz verpassen, sobald er bellt. Dieser Reiz kann im Ausströmen eines unangenehmen Geruchs geschehen. Die Halsbänder sind dann akzeptabel, wenn die Schwelle für das Auslösen des Reizes einstellbar ist. Wichtig ist, dass der Hund sich räuspern oder laut gähnen kann, ohne einen Strafimpuls zu erhalten. Geräte, die einen elektrischen Strafimpuls abgeben, sind abzulehnen, da sie aus Tierschutzgründen verboten sind und zum anderen eine Kettenreaktion auslösen können. Der Hund kläfft, er bekommt einen Stromschlag, daraufhin jault der Hund auf und er bekommt gleich wieder einen Stromschlag. Das kann in fürchterlichem Geschrei enden. Der Hund verliert völlig den Überblick und schnappt nach seinem Herrchen, obwohl der ihm nur das Halsband abnehmen will, und die Aktion endet im Chaos.

## 188 Verhalten wie immer

Normalerweise sind Anti-Bell-Geräte nicht nötig, wenn wir uns stattdessen ein paar Tage Urlaub nehmen, um dem Hund beizubringen, dass es im Zwinger auch ohne Gekläff geht. Das Wegfahren mit dem Auto gehört auf jeden Fall dazu. Der Hund kommt in den Zwinger, wir fahren mit dem Auto weg, wie an jedem Morgen. Dann schleichen wir uns unter gutem Wind wieder zurück, um die Aktion mit dem Wasserschlauch oder mit der Wasserpistole durchzuführen. Alternativ können wir auch eine zuverlässige Hilfsperson einsetzen. Das klappt auch. Übrigens: Hunde sind Rudeltiere, ansonsten würden sie auch im Rahmen der Jagdausübung nicht mit uns kooperieren. Bei zwei im Zwinger untergebrachten Hunden wird es eigentlich nie zu Gekläffe kommen.

Mit dem Wasserschlauch kann dem Bellen des Hundes entgegengewirkt werden.

## 189 Verbands-Gebrauchs-Prüfung (VGP) bedeutet nicht stubenrein

Manche Profi-Hundeausbilder sind sehr erfolgreich bei Prüfungen. Sie halten die Vierbeiner im Zwinger. Jedoch haben sie gute Kenntnisse für die Ausbildung. Was den Hunden im Endeffekt oft fehlt, ist der tägliche Umgang mit einer Familie und das Leben innerhalb dieser. So kann es also durchaus geschehen, dass der hochprämierte Hund jeden Raum markiert und einen Haufen auf den Stubenteppich setzt.

## 190 Der Jagdhund soll das Heim bewachen

Eine Situation, die gar nicht mal selten vorkommt: Der Hund bleibt für einige Stunden allein im Haus. Bevor wir die Wohnung verlassen, um zu einer Versammlung zu gehen oder weil wir zu einer Geburtstagsfeier eingeladen sind, ermahnen wir noch den Hund: „Lass niemanden rein, und falls doch, dann lass dir erst die weiße Pfote zeigen!“

Gerade unter Jagdhunden gibt es viele, die sich über jeden Besuch freuen. Falls ein Einbrecher die Tür aufhebeln will, betätigt er zuvor die Türklingel, um sicherzugehen, dass auch wirklich niemand im Haus ist. Falls der Vierbeiner dann laut bellend zur Tür läuft, wird der Kriminelle sein Vorhaben abblasen. Manche Hunde sind jedoch so eingestellt, dass sie dem Einbrecher noch dabei helfen würden, das Diebesgut bis zum Fluchtauto zu tragen. Sie laufen demnach nur schwanzwedelnd zur Tür und warten, was passiert. Wir engagieren jemanden aus dem Bekanntenkreis, den der Hund nicht kennt. Von den menschlichen Rudelmitgliedern ist niemand im Haus. Der Helfer klingelt zunächst. Freudig läuft der Hund in aller Regel zur Tür. Bevor der Helfer die Tür öffnet, hält er in einer Hand eine Scheibe Wurst und in der anderen Hand, hinter dem Rücken, eine Fliegenklatsche aus Kunststoff. Während er nun die Tür öffnet, spricht er den Hund freundlich an und zeigt ihm dann die Wurstscheibe. In dem Moment, wenn der Vierbeiner die Wurst nehmen will, zieht der Hilfseinbrecher dem Hund mit der Fliegenklatsche eins über. Das tut nicht weh, ist aber sehr beeindruckend und verursacht absolutes Misstrauen. Diese Übung basiert auf der absolut rationalen Denkweise eines Hundes, nämlich das letzte Erlebnis mit einem Menschen auf künftige Reaktionen anzuwenden. Im Normalfall wird er einen Meter zurückweichen und den Hilfseinbrecher verbellen. Wird die Übung eine Woche später mit einer anderen Hilfsperson wiederholt, so hat der Hund in aller Regel begriffen, dass man Fremden an der Haustür nicht trauen darf. Sollte es künftig an der Haustür schellen, würde er hingehen und Laut geben. Nur die vertrauten Worte seines Herrchens oder Frauchens würden ihn augenblicklich beruhigen.

## 191 Nicht zum Schutzhund machen

Auf keinen Fall soll unser Jagdhund eine Aggressivität fremden Menschen gegenüber entwickeln. Das zuvor anerzogene Misstrauen darf

Keinesfalls soll der Hund eine Aggressivität gegenüber Menschen entwickeln.

sich nur auf die Haustür beziehen. Darum ist es wichtig, den Hund auch an Menschenansammlungen zu gewöhnen. Also ihn mit in die Stadt oder den Park zu nehmen, unter Umständen auch zu dulden, wenn Fremde ihn streicheln möchten.

## 192 Über Schussscheue

Schussscheue ist grundsätzlich vererbbar. Alle Ausbildungsversuche, Erziehungsmaßnahmen und Desensibilisierungen können die Gene nicht verändern. Angewölfte Schussscheue ist eine Nervenschwäche. Mit nervenschwachen Hunden darf nicht gezüchtet werden. Auch dann nicht, wenn die Schussscheue durch Training abgestellt wurde. Zumeist zeigt sich Schussscheue mit einsetzender Geschlechtsreife, also bei mittelgroßen Hunden etwa mit acht Monaten. Fast immer geht die Schussscheue mit der Furcht vor Gewittern einher. Wenn sich der große Hund bei Blitz und Donner unter dem Sofa verkriecht, dann ist das schon ein bedenkliches Bild. Man kennt verschiedene Grade der Schussscheue. Im schlimmsten Fall gibt der Hund Fersengeld und rennt solange in eine Richtung, bis die Kräfte ihn verlassen. Dies sind oftmals Hunde, die keine rechte Bindung zu ihrem Hundeführer haben. Die zweite mittelschwere Kategorie schussscheuer Hunde verkriecht sich irgendwo unter einem Auto und ist auch mit Leckerlis kaum dazu zu bewegen, wieder hervorzukommen. Drittens gibt es Hunde, die weichen nach dem Schuss ihrem Rudelführer nicht mehr von der Seite. Sie kleben am Bein, solange eine Flinte nur in Sichtweite ist. In der letzten Kategorie werden Hunde als schussempfindlich bezeichnet. Als erste Reaktion auf den Schuss kommen sie zurück, lassen sich jedoch nach einigen Minuten wieder wegschicken. Es gibt auch noch eine Form der Schussscheue, die nicht angewölft ist, sondern die durch traumatische Erfahrung entstehen kann. Am bekanntesten ist die Geschichte, bei der von nicht mitdenkenden Mitmenschen oder von Kindern Silvester-Knaller in den Hundezwinger geworfen wurden. Solch ein schreckliches Erlebnis können die meisten Vierbeiner weder einordnen noch verkraften. Hat gar der treue Jagdhelfer selbst eine Ladung Schrot abbekommen, was nicht sein darf, aber leider dennoch gelegentlich vorkommt, so kann das zum selben negativen Ergebnis führen.

## 193 Der Wesenstest bringt es an den Tag

Schon viele Hundeführer dachten: Das gibt's doch gar nicht! Sie hatten mit ihrem treuen Vierbeiner bereits Prüfungen, einschließlich Schussfestigkeit, und schon eine ganze Jagdsaison hinter sich, und stellten sich dann aus Zuchtgründen mit ihrem Hund einem Wesenstest. Hier wird der Stress langsam, aber sicher immer mehr gesteigert: optische und akustische Reize, fremde Menschen, Wasser und zum Ende ein Schrotschuss. Das ist dann zu viel. Durch den Stress zuvor baute sich beim Hund echtes Unbehagen auf – alles noch zu verkraften, aber dann der Schuss! Nein, ab jetzt ging der Hund keinen Schritt weit weg vom Führer.

## 194 Am Wasser scheiden sich die Geister!

Die Schussempfindlichkeit verliert sich durch den Jagdbetrieb meist von selbst. In einigen Fällen bleibt sie aber bei der Wasserarbeit erhalten. Manchmal entsteht sie auch erst bei der ersten Wasserarbeit. Nervenschwache Hunde fühlen sich grundsätzlich etwas unsicher im Wasser. Meistens sieht man ihnen das nicht einmal an.

Eine Schrotladung platscht aufs Wasser. Hasso ist wesensfest. Er wird die Ente trotzdem bringen.

Kommt dann jedoch ein Schuss hinzu, ist es vorbei. Der Hund steigt aus, und er ist selten dazu bewegen, das Wasser wieder anzunehmen. Letztlich kommt man zu dem Schluss, dass alle Hunde, die einen der Grade von Schussscheue zeigen, ohne Korrektur jagdlich unbrauchbar sind.

## 195 Früh übt sich

Wir können den Welpen und später auch den Junghund schon mal an Schüsse gewöhnen. Am besten verbinden wir die tägliche Futtergabe mit einem Schuss aus einer Spielzeugpistole. Der kleine Hund lernt: Knall bedeutet Futter. Der Knall ist also eine positive Sache und keineswegs etwas, wovor man sich fürchten muss. Diese Erfahrung kann bereits der junge Hund machen. Derart mit Vorerfahrung ausgestattet, übersteht der Junghund dann meist auch die schwierige Phase der Pubertät, ohne Ängste vor dem Schuss zu entwickeln.

## 196 Der Schießstand

Ist die Schussscheue erst einmal da, muss es manchmal die Gewohnheit richten: Wir nehmen den „Patienten“ mit in Richtung Schießstand, damit er sich langsam, aber sicher an die Knallerei gewöhnt. Am ersten Tag lassen wir den Hund im Auto. Die Entfernung zur Geräuschquelle ist noch recht groß. Am nächsten Tag kommt der Vierbeiner schon mal aus dem Auto heraus. Freilich darf er nicht allein gelassen werden. Er braucht unbedingt die Gesellschaft einer vertrauten Person, die ihn beruhigt und ihm auch mal ein Leckerli gibt. Im Idealfall ist das natürlich sein Herrchen oder Frauchen. Immer nur Abliegen ist freilich auch mit Stress verbunden. Deswegen wird mit dem Hund ein wenig spazieren gegangen und er wird mit seinem Lieblingsball ein wenig auf andere Gedanken gebracht. Von Tag zu Tag pirschen wir uns so näher an den Schießstand heran. Schon bald merken wir, ob der Hund die Übungen verkraftet oder ob das Problem sich aufschaukelt und verschärft. In letzterem Fall muss das Training abgebrochen werden. Falls der Hund keine negative Reaktion mehr auf die Schüsse zeigt (kein Zusammenzucken, kein Hecheln, kein Sabbern), kann die Distanz zum Schießstand weiter verringert werden. Damit will ich nicht sagen, dass man an einem Tag dem Schießstand immer näher rückt, bis der Hund Angst bekommt. Nein, im Gegenteil! Jeder Tag der Übung soll mit einem Erfolg abgeschlossen werden. Fünfzig Meter pro Übungstag wären schon ein großer Erfolg! Viele Jagdhunde haben auf diese Weise ihre Schussscheue verloren. Aber bei genauso vielen hat das auch nicht geklappt.

## 197 Wenn aus Schussscheue Schussgeilheit wird

Wie sehr sich die Erfahrung eines Hundes auf sein künftiges Verhalten auswirkt, zeigt das Beispiel unserer Hündin Djinga, die trotz Schussscheue in der Jugend später als Jagdhund noch Karriere machte. Von der Statur her war sie ein vielseitiger Jagdgebrauchshund, jedoch ohne Papiere eines Zuchtvereins. Die äußerst liebe Hündin zeigte bereits im Alter von einem halben Jahr alle Nervenschwächen gleichzeitig. Bei Gewitter: Panik, hecheln und verkriechen; im Auto: übergeben, sabbern und hecheln. Ansonsten Schussscheue der Kategorie 1. Sie wich mir keinen Schritt von der Seite, bis ein Hase direkt vor ihr hoch wurde. Sie hetzte Mümmelmann an, und ich erlegte ihn mit Schrot. Bevor der verendete Hase zum Liegen kam, packte Djinga ihn. Fortan fand sie Schüsse gut, denn den Knall verband sie nun mit Beute. Ebenso beim Autofahren. Es war lästig, immer mehrere Handtücher, Küchentücher und einen Wasserkanister mitzunehmen. Autofahren war für uns und unsere Hündin eine wahre Tortur. Da eine Drückjagd auf Sauen am kommenden Tag stattfinden sollte, vertrieben wir uns die Zeit mit der Jagd auf Niederwild. Auf einem kleinen Sturzacker erlegten wir einen Hasen. Ab ins Auto und zu einer kleinen Feldhecke gefahren, dort fiel ein Gockel. Wieder ins Auto und zu einem kleinen Tümpel, der bescherte uns zwei Dubletten auf Stockerpel. Nun gab es erstmal eine Pause. Aber wo war Djinga? Die Heckklappe vom Auto war aufgeblieben, und die Hündin saß bereits im Kofferabteil des Kombi und wartete auf den nächsten Einsatz. Durch die schnelle Folge der Jagdeinsätze, unterbrochen durch Autofahrten, hatte die Hündin gelernt, dass Autofahren im direkten Zusammenhang mit Beutemachen stand. Fortan war Djinga begeisterte Autofahrerin.

## 198 Bei Gewitter und an Silvester

Die Angst bei Gewitter und vor Pyrotechnik ist manchem Hund kaum zu nehmen, aber damit kann man leben – haben wir nicht alle so unsere Bedenken, wenn es blitzt und donnert? Bei Gewitter und in der Silvesternacht lässt man keinen Hund allein. Er gehört in die Gemeinschaft der Familie und das Radio wird möglichst laut aufgedreht. So lassen sich auch diese Stunden bestens überstehen.

An Silvester oder bei Gewitter lässt man den Hund bestenfalls nicht allein.

## 199 Verklungen Horn und Geläut

Der Schriftsteller Wolfgang Frank hat in seinem Buch „Verklungen Horn und Geläut – Chronik des Forstmeisters Mueller Darß“ bereits 1959 die Lösung des Problems der Schussscheue äußerst gut beschrieben. Ich selbst habe mit dieser Methode schon viele Hunde kuriert und mich gewundert, wie wenig in Fachkreisen darüber bekannt ist. Man benötigt eine jagende Hilfsperson, die sich mit einer Flinte hinter einem Strohballen oder einem dicken Baum versteckt. Dann nähert sich der Hundeführer mit dem Hund aus etwa 200 Metern Entfernung dem Standort des Helfers. Nach dem Motto “Dieser Weg wird kein leichter sein“, muss die Strecke für den Hund sehr unangenehm werden. Laufend bekommt er lautstarke Kommandos wie „Sitz“, „Platz“ und „Kriech“ entgegengebracht. Sie werden durchgesetzt, ohne Kompromisse und augenblicklich. Der Befehl darf noch nicht ganz ausgesprochen sein, da muss der Hund schon gehorchen – egal wie weit er die Rute einklemmt. Der Hund muss sich wünschen, dass dieser Weg doch endlich ein Ende habe. Er wird für die Ausführung nicht gelobt. Im Gegenteil, es erfolgt sogleich der nächste Befehl. Er kann einem leidtun wegen dieser Behandlung. Herrchen oder Frauchen mögen eigentlich die liebsten Menschen sein. Aber auf diesem Weg erkennt der Hund seinen Führer kaum wieder. Schließlich gibt der Hundeführer dem Helfer ein Handzeichen. Der schießt in

Dieser Weg wird kein leichter sein. Am Ende des Weges bringt ein Schuss die Erlösung.

die Luft – und ab diesem Moment wird alles anders. Der Hundeführer freut sich und lobt den Hund. Er bekommt Wurst, so viel er will. Man spielt und tollt mit ihm am Boden herum und freut sich gemeinsam mit ihm über den Schuss und damit über das Ende der Übungsrunde. Es herrscht nur noch Friede, Freude und Eierkuchen! Damit kein Missverständnis entsteht: Bei dieser Übung geht es nicht um Brutalität oder Tierquälerei. Es wird so viel Zwang eingesetzt wie nötig, um das Ziel zu erreichen, aber nicht mehr als nötig! Täglich macht man nur einen Übungsdurchgang. Normalerweise wartet der Hund ab der dritten Übung nur noch sehnlichst auf den erlösenden Knall und empfindet ab sofort Schüsse als etwas Wunderbares. Seiner Zukunft als brauchbarer Jagdhund steht nun nichts mehr im Wege. Aber für die Zucht darf er dennoch keinesfalls eingesetzt werden!

## 200 Schusshitze

Meine DD-Hündin Petra war nach den ersten Suchjagden auf Gockel schusshitzig geworden. Sehr peinlich für einen Berufsjäger, wenn sein Hund bei jedem Knall einfach in die vermeintliche Richtung rennt. Ich stellte das Problem ab, indem ich allein mit dem Hund Rüben und Kartoffeln durchkämmte und an jedem abstreichenden Flugwild absichtlich vorbeischoss. Nach zwei Tagen gewöhnte Petra sich an, erst einmal zu verhoffen, und zu schauen, ob ein Vogel nach den Schüssen zu Boden ging.

## 201 Der letzte Gang

Irgendwann kommt jeder Hund in ein Alter, wo alles nicht mehr so richtig läuft. Bei Vierbeinern mittlerer Größe ist das meist mit 14 bis 16 Jahren der Fall. Kleine Hunde können durchaus älter werden. Meine Teckeldame Rapunzel wurde über 19 Jahre alt. Jagdlich kann der alte Hund kaum noch Leistung erbringen. Meist sieht er das aber nicht ein und möchte weiterhin mit zur Jagd. In dem Punkt ähnelt er durchaus seinem Herrchen oder Frauchen. Falls der alternde Hund erkennbare Schmerzen hat, die sich nicht mehr durch Medikamente lindern lassen, ist vermutlich der Zeitpunkt für das Einschläfern gekommen. Wir erkennen es, wenn der Hund in einer Ecke liegt und ohne Grund pausenlos hechelt. Wenn der Tierarzt zum Ende rät, sollten wir nicht zögern. Denn diesen einen Vorteil hat der Hund gegenüber uns Menschen: Er darf eingeschläfert werden. Auch bei seinem letzten Gang sollten wir bei unserem Jagdkameraden sein. Unnötiges Hinauszögern mag tröstlich für uns sein, ist aber schmerzhaft für den Hund. Wir haben die Verantwortung, ihn schnell von seinen Leiden zu erlösen.

Nach 14 Jahren heißt es Abschied nehmen, denn die Schmerzen in der Hüfte sind unerträglich.

# ALLERLEI FÜR DEN HUND

# ALLERLEI TIPPS – PRAKTISCH FÜR DEN HUNDEFÜHRER

Das Leben mit Hund besteht natürlich aus weit mehr als Eingewöhnung, Erziehung, Ausbildung und Jagd. Viele andere Bereiche und Disziplinen muss der Hundeführer meistern. Hier gibt es die passenden Tipps.

## 202 Stöberhalsung

Diese Halsung besteht meist aus dehnbarem Material in Warnfarbe. Viele Hundeführer schreiben neben der eigenen Telefonnummer auch noch den Namen des Hundes darauf. Das ist grundsätzlich falsch. Geht der Hund verloren, können die Finder ihn mit Namen ansprechen. Der Hund reagiert dann freudig und wedelt mit der Rute. Manch einen Finder könnte genau dies dazu verleiten, den Hund einfach zu behalten. Auch für alle anderen Halsbänder gilt: nur die Telefonnummer angeben!

So ist es richtig, nur die Telefonnummer darf und muss auf der Halsung stehen.

## 203 Banges Warten nach der Drückjagd

Immer wieder kommt es vor, dass Stöberhunde nach der Jagd vermisst werden. Das kann verschiedene Ursachen haben. Sehr gut und zudem preiswert sind inzwischen GPS-Ortungsgeräte geworden, die der Stöberhund an der Stretchhalsung trägt. Liegt er irgendwo verletzt, findet man ihn wieder, solange er noch die Halsung trägt. Oft haben Terrier oder Teckel einen Fuchsbau entdeckt. Sie dann in großen Waldgebieten zu finden, womöglich bei Dunkelheit, ist schwer, wenn nicht unmöglich. Da sie keine Unterstützung vom Hundeführer haben, kommen sie irgendwann abgekämpft zurück. Wir warten also auf den kleinen Stöberer, der oft für die Sache sein Leben riskiert. Leider warteten wir oft allein. Bei privat organisierten Jagden haben wir es erlebt, dass der Jagdherr auf das Schüsseltreiben verzichtete, um ebenfalls zu warten, bis alle Hunde wieder zur Stelle waren. Leider läuft das bei Drückjagden im Landesforst und im Bundesforst oft anders ab. Ein Blick auf die Uhr – Feierabend – und weg sind die Förster. Rühmliche Ausnahmen sind natürlich die Regel! Da steht man nun, still und stumm, und wartet auf seinen Hund. Am Auto hat man zusätzlich eine Decke oder eine Jacke ausgebreitet hinterlegt. *Rühmliche Ausnahmen sind natürlich die Regel!* Wenn man bedenkt, dass Hundeführer und ihre geliebten Vierbeiner fast immer kostenlos ihre Zeit und Kenntnis zur Verfügung stellen, dann sollte der Revierinhaber oder ein Verantwortlicher wenigstens auch auf den letzten Hund warten oder bei der Suche helfen.

## 204 Bogenrein

Die Bogenreinheit bei Stöberhunden ist eine seltene Gabe. Sie bedeutet, dass der Hund eine Hetze abbricht, sobald das Wild eine Dickung verlassen hat. Unsere Hündin Djinga hatte diese Eigenschaft von Natur aus. Sie blieb deshalb vielen Jägern unvergessen. „Woher weiß euer Hund, wo die Reviergrenze ist?", das wurden wir oft gefragt. Bei vielen Drückjagden, bei denen wir mit der Hündin erschienen, vertraute man uns Junghunde an, die dann Djinga beim Stöbern folgen sollten. Obwohl sie die kleinen, lästigen Stöberlehrlinge manchmal anknurrte, akzeptierte sie, von ihnen verfolgt zu werden. So lernten die Junghunde, sich während der Stöberarbeit immer wieder einmal zurückzumelden. Fazit: Die Erfahrung solcher Ausnahmehunde sollte unbedingt für die Ausbildung des Nachwuchses genutzt werden.

## 205 Viele Kunstbaue anlegen

Kunstbaue sollten mit 20er Röhren angelegt werden. Schlieft der Hund ein und gibt Laut, so ist Flucht die erste Reaktion des Fuchses. Einmal im 20er Rohr, kann er sich nicht mehr umdrehen und sich auf einen Kampf mit dem Hund einlassen. Der Fuchs springt unverletzt.

Fuchs erlegt, Hund unverletzt, dank 20er Röhren im Kunstbau.

## 206 Naturbaue vergrämen

Wenn das Wetter passt und für den nächsten Tag die Bejagung der Kunstbaue geplant ist, sollten am Abend zuvor sämtliche Naturbaue vergrämt werden. Das wird durch Herumtrampeln an den Röhreneingängen und lauthalse Gespräche erreicht. Auch das Hinterlassen von menschlichem Harnstoff hat vergrämende Wirkung. Durch diesen Trick werden die Füchse die Naturbaue verlassen und lieber in den „Neubau" einziehen.

## 207 Spielerisch Röhren kennenlernen

Damit bereits Erdhund-Welpen die Furcht vor dunklen Röhren verlieren, sollte es für sie eine spielerische Schliefenanlage in ihrem Auslauf geben. Einige Beton- oder Tonröhren zusammengesteckt liefern hier beste Ergebnisse.

Spielend durch Röhren krabbeln – bereitet auf ein Leben als Erdhund vor.

## 208 Hund steckt im Naturbau fest

Ich habe viel mit Erdhunden gearbeitet und trotzdem nie einen Hund im Bau verloren. An Naturbauen waren dafür, um den Hund zu retten, umfangreiche Grabarbeiten nötig. Manches Mal zogen sie sich bis spät in die Nacht hinein. Nach meinen Erfahrungen interpretiert der Hund das Graben mit Hacke, Spaten und Schaufel in der Art, dass er ja nun bald Hilfe bekommt und keineswegs an der Oberfläche erscheinen muss. Die ständigen Geräusche drängen ihn dazu, weiterzuarbeiten. Das haben ohne Frage auch schon andere Hundeführer begriffen. Sie verhalten sich völlig still, um ihren Jagdhelfer zu verunsichern, damit er bald wieder an der Oberfläche erscheint. Das passiert dann tatsächlich. Jedoch haben die passionierten Teckel und Terrier noch nicht einmal Zeit, sich den Sand aus dem Fell zu schütteln, denn sobald sie jemanden erblicken, sind sie schon wieder im Bau verschwunden. Im Bewusstsein, da oben wartet ja noch jemand auf mich, schliefen sie wieder ein, um sich weiter mit Reineke anzulegen, der einfach nicht springen will. Sehr erfolgreich ging ich dann mit Einbruch der Dunkelheit dazu über, eine Kastenfalle ausreichender Größe aufzustellen. Innen eine kleine Hundedecke, eine Schale mit Wasser und unter dem Kontrolldeckel eine Wurstscheibe. Meinem Handeln lag folgende Überlegung zugrunde: Der Erdhund erscheint an der Oberfläche, kein Mensch mehr da, also geht er wenigstens in die Falle. Die Falle versah ich mit einem Fangmelder und bekam einen Anruf auf mein Handy, sobald sich mein Hund gefangen hatte. So konnte ich ihn gleich abholen und er musste nicht lange in der Kälte ausharren. Heutzutage ist auch die Installation einer Wildkamera denkbar, die gleich ein Foto ans Handy schickt. Ganz besonders an Felsenbauen ist die Methode anzuraten, da hier noch nicht einmal gegraben werden kann.

## 209 Den Hund ganzjährig beschäftigen

Es geht bei der Hundehaltung nicht nur darum, möglichst viel in Kontakt zu dem Vierbeiner zu stehen. Wir müssen ihm zusätzlich Aufgaben stellen, die ihn auch außerhalb der Jagdzeit fordern. Da geht es nicht nur um den Bewegungsapparat, sondern auch um seinen Verstand, der mehr leisten kann, als man zunächst glauben mag. Deshalb sollte auch mit vollständig ausgebildeten älteren Hunden regelmäßig geübt werden.

## 210 Unfallschutz bei Nachsuchen

Der Hundeführer sollte immer mit Augenschutz und Anstoßkappe mit Kinnriemen arbeiten. Ein Motorsägehelm verbindet beides miteinander, geht aber im Gestrüpp schnell verloren.

## 211 Auch ältere Hunde können mit Freude lernen

Unsere Hündin Bella hat bereits das Apportieren gelernt. Mangels Arbeit im Hochwildrevier bringt sie mir täglich Zeitschriften oder andere Gegenstände. Auch sie sollte nun im Alter von acht Jahren lernen, Flegel zu finden und zur Ordnung zu rufen. Als Junghund wäre ihr das deutlich leichter gefallen. Aber ihre Freude an Beschäftigung gleicht die Anstrengung etwas aus. Um vertraut mit einem Hut als Dummy zu werden, ließ ich sie die Kopfbedeckung einige Male apportieren. Die ersten Übungen fanden im Wohnzimmer statt. Dazu setzte sich meine Frau Beate auf den Boden und legte sich einen Hut auf die Oberschenkel. Bella durfte das ruhig sehen. Ich hielt sie an der Halsung fest und nannte zunächst mehrfach das Wort: „Flegel“. Beate deutete auf den Hut und ich ließ die Hündin los. Sofort brachte Bella mir den Hut und bekam ein besonderes Leckerli. Beim nächsten Schritt hielt

Ein Helm, wie er bei Arbeiten mit der Motorsäge genutzt wird, kann auch auf der Nachsuche getragen werden.

Mit großer Freude lernte Bella, Hüte abzunehmen.

Beate den Hut etwas höher und legte ihn dazu auf den Unterarmen ab. Auch das klappte sofort. Dann kam bereits ein Stuhl zum Einsatz. Beate nahm Platz und legte den Hut wiederum auf die Oberschenkel, danach auf die Unterarme, dann hielt sie den Hut mit den Händen so hoch, dass Bella mit den Pfoten auf die Oberschenkel klettern musste. Danach kam die Kopfbedeckung, aus edlem schottischem Tweed, auf den Kopf. Da gab es zunächst Hemmungen. Also ein Schritt zurück: Beate verneigte sich in Richtung Hund. Das klappte und Bella traute sich, den Hut vom Kopf zu nehmen. Danach folgten Übungen quer durchs Haus, durch alle Räume. Schließlich musste Bella ja lernen, den Hut zu suchen. Alle Gäste, die nun zu uns kamen, wurden mit in die Ausbildung einbezogen, so dass Bella auch noch die Hemmung verlor, unbekannten Leuten den Hut abzunehmen. Eine hervorragende Beschäftigung außerhalb der Jagdzeit, die nicht nur den Hund fordert, sondern allen Spaß macht.

## 212 Fahrrad und Hund

Grundsätzlich sind alle Jagdhundrassen körperlich geeignet, um am Rad geführt zu werden. Lediglich bei Teckeln sollten Geschwindigkeit und Entfernung angepasst werden. Mein erstes Lehrjahr verbrachte ich in Schleswig-Holstein. Das Dienstfahrzeug war ein Fahrrad. Die Deutsch-Drahthaar-Hündin Blanka war beim Radfahren immer meine begeisterte Begleiterin. Später habe ich einige Hunde für die Begleitung am Rad trainiert, weil es eine gute und gesunde Beschäftigung in der Schonzeit ist. Im Niederwildrevier gab es reichlich Wirtschaftswege, auf denen mich mein Hund frei am Rad begleiten durfte. Bei der Gelegenheit erlernte mein DD-Rüde Ben das Kontrollieren der Wieselfallen in den Durchlässen der Gräben, so dass ich nur noch absteigen musste, wenn sich ein Wiesel gefangen hatte.

## 213 Unfallfrei am Fahrrad

Voraussetzung für das Fahrrad-Training ist absolute Leinenführigkeit. Außerdem muss eine biegsame oder gefederte Leinenhalterung am Fahrrad angebracht sein, damit der Fahrer beide Hände für den Lenker frei hat. Moderne Halterungen werden an der Sattelstange befestigt und halten den Hund auf genügend Abstand zum Rad. Zunächst muss der Vierbeiner langsam an den Drahtesel gewöhnt werden. Am besten erst einmal schieben und den Hund nebenherführen. Im nächsten Schritt kann er schon mithilfe des Leinenhalters geführt werden, jedoch immer noch schieben. Erst wenn das klappt, kann aufgesessen werden. Begonnen wird mit kürzeren Fahrten von einem bis zwei Kilometern. Danach erfolgen tägliche Steigerungen um etwa zehn Prozent. Touren bis zu 20 Kilometern sind machbar, wenn der Untergrund es zulässt und die Pfoten nicht zu sehr beansprucht werden. Wasser muss in jedem Fall mitgeführt werden. Bei Hitze sollte das Training unterbleiben.

Leinenhalterung am Rad

Zunächst wird noch mit Leine geübt.

Dann macht es den Hunden so viel Freude, dass sie sich nur noch auf die Arbeit konzentrieren, auch ohne Leine!

## 214 Agility als Ersatz

Leider sind die Jagdmöglichkeiten für unsere Hunde begrenzt, deshalb sollte Ausgleich her. Agility ist Sport für Hund und Hundeführer. Es geht dabei ganz besonders um vertrauensvolle Zusammenarbeit. Das ist für den späteren jagdlichen Einsatz von besonderer Wichtigkeit. Auf jeden Fall wird die Kommunikation *per Körpersprache* zwischen Hund und Mensch erheblich verbessert. Noch mehr Spaß haben Hund und Mensch bei der Arbeit, wenn mehrere Gespanne gleichzeitig diesen Sport betreiben. Ein Parcours wird auf einer Wiese oder in einem Garten aufgebaut. Es geht dabei um eine Wippe, einen Tunnel, kleinere Hürden und Slalom. Zunächst wird an der Leine geübt, später völlig frei. Die Arbeit macht den Hunden großen Spaß. Geräte für das Agility-Training bekommt man im einschlägigen Fachhandel, online, oder sogar zeitweise als Angebote bei großen Discountern.

## 215 Hund auf dem Hochsitz

Viele Jäger würden ihren Jagdhund gern mit auf den Hochsitz nehmen. Meist scheitert das Vorhaben an der Überpassion der Vierbeiner. Zwar können Hunde das Erklettern einer Leiter erlernen, aber auf dem Rückweg müssen sie unbedingt getragen werden. Oben angekommen, müsste der Hund auf dem Fußboden sitzen, damit er anwechselndes Wild nicht sieht. Allzu oft bekommt er aber Wittrung in die Nase. Das kann zu massiven Lautäußerungen führen. Der Terrier eines Kollegen konnte sich auf dem Hochsitz eigentlich vorbildlich benehmen, bis er eines Abends mit ansah, dass ein Reh erlegt wurde. Er sprang aus vier Metern Höhe von der jagdlichen Einrichtung, denn er wollte sich gleich auf die Beute stürzen. Allerdings zog er

Mit dem Hochklettern mag es noch klappen, aber herunter?

sich bei dem Stunt einen Bänderriss zu. Kurzum: Mit den meisten Hunden ist der Ansitz auf einem Hochsitz nicht gut möglich. Für die, welche leicht genug sind, um sie zu tragen, und welche die Nerven haben, sich ruhig zu verhalten, ist dennoch Training im Wildgatter angesagt. Auf einer Bank sitzen, Wild vorbeiziehen lassen und trotzdem die Schnauze halten – im Wildgatter kann man das lernen, und sei es nur durch Gewohnheit.

## 216 An der Leiter ablegen

Eine viel praktizierte Methode ist es, den Vierbeiner unten an der Leiter abzulegen. Das Training dazu ist gar nicht schwierig. Wir legen den Hund ab, am besten auf einer Decke. Dann ziehen wir eine lange Leine unter der ersten Sprosse hindurch und nehmen das Ende mit auf den Hochsitz. Falls der Hund aufsteht, erfolgt ein

Das Ablegen an der Leiter bringt jagdlich Nachteile mit sich.

Welpen und Junghunde machen oft Blödsinn.

scharfer Ruck und er legt sich wieder hin. Bedenklich ist dabei nur, dass der Vorteil *mit unserer erhöhten Sitzposition* gegenüber dem Wild verloren geht. Der Vierbeiner an der Leiter verbreitet am Boden Raubtierwittrung. Wir sollten diese Art des Ablegens nur anwenden, wenn die Windrichtung eindeutig passt.

## 217 Nicht im Auto lassen

Falls der Hund im Auto wartet, geht es ihm recht gut. Allerdings muss der Jäger sich nicht wundern, wenn er immer wieder schreckendes Rehwild hört. Ein Auto allein stört das Wild nicht. Liegt aber ein Hund darin, wird dessen Duft im Wald genauso verteilt, als wenn er am Boden abgelegt wäre. Abhilfe schafft nur, das Auto irgendwo am Waldrand zu parken, wo es auch mit Hund nicht stört.

## 218 Freiraum für den Jagdhund

Gehorsam ist schön und gut, aber einen Kadavergehorsam brauchen wir nicht. Trotz konsequenter Ausbildung soll der Hund immer noch er selbst bleiben können, zumindest in bestimmten Bereichen. In der Wohnung reduzieren wir den Gehorsam auf das nötigste Maß, die sogenannte Hausordnung. Nichts vom Tisch klauen, nicht am Tisch betteln, nicht ins Bett springen, nicht aufs Sofa hüpfen, nicht sofort rausrennen, wenn die Tür aufgeht. Das sind Dinge des Alltags, die sich fast immer durch ein lautes „Aus" klären lassen. Hat der Vierbeiner einen eingezäunten Garten zur Verfügung, geht es ihm besser als den meisten seiner Artgenossen. Ich bezeichne diesen Bereich als Hundeparadies. Wer zusätzlich im Garten noch Rabatten für Blumen, Salat und Gemüse anlegen will, sollte diesen Bereich extra einzäunen. Es würde dem Hund unnötigen Stress bereiten, wenn er immerzu aufpassen müsste, die Beete nicht zu betreten. Im Haus und im Garten geben wir den Hunden weitgehend Freiraum. Außerhalb dieser geschützten Bereiche müssen sie gehorchen. Das kann lebensrettend sein.

## 219 Mausefallen passen auf

Es ist eine große Versuchung für jeden Hund, wenn etwas Leckeres auf dem Tisch liegt und er allein im Raum ist. Falls der Vierbeiner jemals Erfolg damit hatte, sich selbständig am Tisch zu bedienen, kann eine simple Mausefalle Abhilfe schaffen. Eine leckere Wurstscheibe direkt unter der Falle wirkt Wunder. Nach dem ersten Schlag auf die Nase muss die Falle gar nicht mehr gespannt sein. Hauptsache, sie liegt noch auf dem Tisch. Bei hartnäckigen Hunden darf eine gespannte Mausefalle auch auf dem Sofa oder auf Stühlen liegen. Solch eine Falle kann den Hund nicht verletzen, jedoch sehr beeindrucken.

## 220 Nachfolger

Kommt unser Vierbeiner in ein Alter, in dem die Kräfte nachlassen, sollte nicht mit der Anschaffung eines Welpen gewartet werden. Oft habe ich erlebt, dass alte Hunde geradezu auflebten, wenn ein kleiner Welpe hinzukam. Außerdem ist es gut, die Chance zu nutzen, dass der Neue sich vom Alten noch etwas abschauen kann.

## 221 Hundepension

Es kann nötig sein, den Vierbeiner für einige Zeit in einer Hundepension unterzubringen. Zu dem Zweck sollten wir die Pension unserer Wahl zuvor unter die Lupe nehmen. Der oder die Inhaber des Betriebes sollten bereit sein, uns zu empfangen und uns alles zu zeigen und zu erklären. Es geht um die Außenanlagen, die Innenanlagen und eine Erklärung des Tagesab-

Wenn der Hund allein ist, passt die Mausefalle auf. Keine Angst, es gibt nur einen großen Schreck.

laufs. Wichtig ist der erste Eindruck, es sollte alles sauber sein. Verständlich wäre es, wenn solche Besuche nur an bestimmten Tagen und zu bestimmten Zeiten stattfinden dürfen, um unnötige Aufregung der Urlaubshunde zu vermeiden. Wir sollten nach dem Besuch unser Bauchgefühl sprechen lassen, ob die Pension für unser vierbeiniges Familienmitglied geeignet erscheint oder nicht. In einer sehr gut geführten Hundepension haben die Vierbeiner mehr Abwechslung als zu Hause. Sie erleiden durch den Aufenthalt keinerlei Stress.

Beide mit Passion und Hingabe bei der Sache, Lena und ihr Parson-Russel-Terrier.

## 222 Frauen sind oft die besseren Hundeführer/innen

Für jagende Frauen ist sehr oft der Hund wichtiger als die Jagd an sich. Mit viel Einfühlungsvermögen und Sachverstand bilden die Damen ihre Jagdhelfer aus. Der Schuss auf das Wild gerät deswegen in den Hintergrund. Viele der passionierten Jägerinnen arbeiten selbst wie ein Terrier, um gemeinsam mit dem Vierbeiner zum Ziel zu kommen. Also ein dickes Lob und Hut ab für die Hundeführerinnen!

## 223 Zuchtschau

Wer mit dem Segen des Jagdgebrauchshundverbandes (JGHV) züchten möchte, muss mit seinem Hund eine Zuchtschau seines Zuchtvereins, der dem Verband angeschlossen ist, besuchen. Hier werden die körperlichen Voraussetzungen für die Zucht beurteilt. Dazu zählen die Körpermaße, die Augen, das Gebiss, die Behänge, das Haar, die Geschlechtsmerkmale, die Gangarten und noch mehr. Es geht darum bzw. soll darum gehen, dass nur Hunde, welche gesund sind, keine Erbkrankheiten weitertragen und die auch den erwünschten Rassekriterien entsprechen, eingesetzt werden.

## 224 Wer ist die Schönste im ganzen Land?

Es ist völlig egal, ob der Hund im Endeffekt mit G (gut) oder SG (sehr gut) oder mit V (vorzüglich) beurteilt wird, Hauptsache, er hat bestanden und seine Nachkommen erhalten Ahnentafeln des JGHV. Leider sind manche Züchter und auch Prüfer, die sich gern Richter nennen, obwohl die Hunde ja gar nichts verbrochen haben, anders eingestellt. Ihnen ist das eigene Ansehen wichtiger als das Wohl der Hunde. Zum Glück sind derartige Fälle Ausnahmen – hoffe ich zumindest. Meinen Rüden Dachs, Hannoverscher Schweißhund, musste ich wegen eines nach innen gerollten Augenlids bereits vor der Zuchtschau operieren lassen. Die entzündete Hornhaut drohte durch dieses Entropium auf Dauer trüb zu werden. Die Operation war derart gut gelungen, dass keiner der erfahrenen Richter etwas bemerkte. Dennoch wies ich die Herren auf die Operation hin und mein Hund wurde deshalb – zu Recht – von der Zucht ausgeschlossen. Später musste ich mir von den Besitzern der Elterntiere die Frage gefallen lassen, ob es unbedingt nötig war, die Operation zu erwähnen? Das würde man mir übelnehmen, und das würde man mir in zehn Jahren immer noch übelnehmen. Einige Wurfgeschwister litten übrigens unter demselben Erbfehler! Für mich war dies ein Grund, den Zuchtverein zu verlassen.

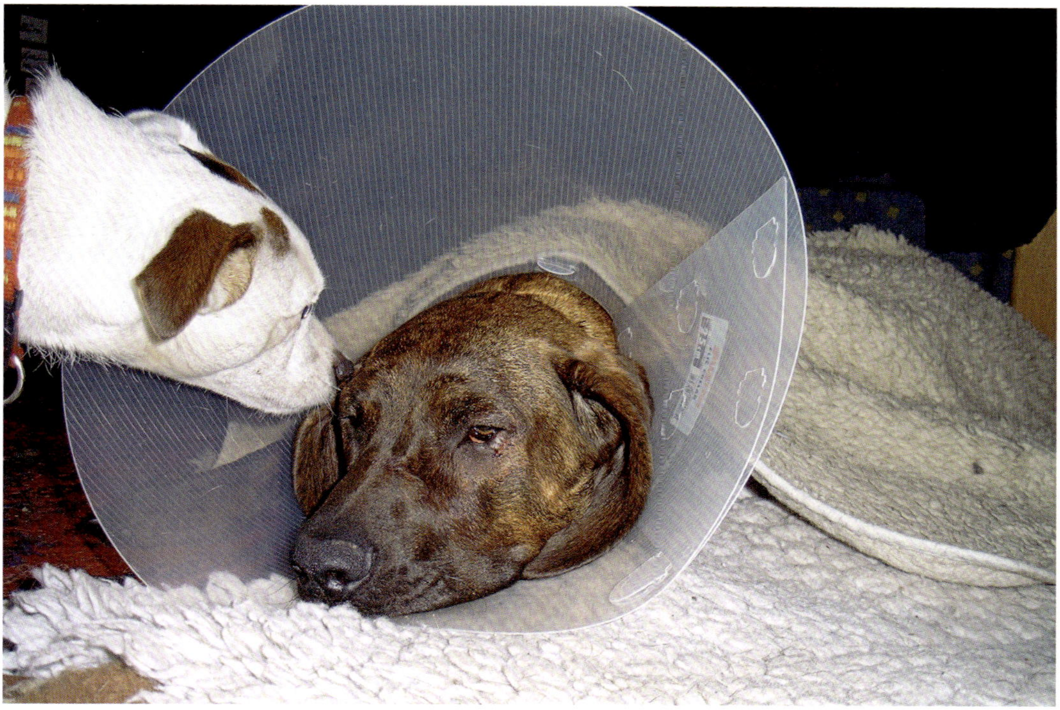

Dachs kurz nach der OP am Entropium,
welches vererbbar ist und bei Nichtbehandlung den Verlust des Augenlichts bewirken kann.

# SERVICE

# REGISTER


**A**bgabealter 18
Ablegen 50 ff.
Ablegen an der Leiter 133 f.
Ablenkungen 41
Abrufen 38 f.
Agility 132
Ahnentafel 12
Ältere Hunde 129 f.
An der Leine ziehen 35
Analdrüsen ausdrücken 113
Anknurren 25
Anlageprüfung 82
Anschaffung eines Hundes 8 ff.
Anschneider 65
Anspringen vermeiden 59
Anti-Dominanz-Training 16, 55 f., 58 f.
Apport auf Entfernung 78
Apportel 76 f.
Apportieren 76 ff.
Arbeitsruhe 11
Aufreiten 25
Aus dem Auto aussteigen 57
Aus fehlern lernen 55
Ausbildung ohne Korrektur 65 f.
Ausbildungsbeginn 22
Ausgebildeter Hund 22 f.
**B**ayerischer Schweißhund 13
Belohnung 65
Bestrafung 21 f.
Bewegungsjagd 101
Biothane 64
Bissverletzungen 106 f.
Blut aufbereiten/verdünnen 66 f.
Bogenreinheit 127
Bringen 76 ff.
Bringselverweisen 98 f.
Bringtreue 81
Brustgeschirr 64
**D**eutscher Jagdterrier 11
Dominanzverhalten 25
Dressurangel 62 f., 65, 76 f.
Dummys 76 ff.
Durchfall 109 f.
**E**ifersucht 22
Eingliederung, Rudel 22 ff.
Einschläfern 123
Einweisen 86 ff.
Einweisen im Wasser 94 f.
Entwicklung, soziale 26 ff.
Erdhunde 11
Erziehung 24 ff., 30 ff.
Essig-Essenz 21
**F**ahrrad und Hund 130 f.
Fährte, echte 67 f.
Fährte, künstliche 62 f., 68
Familienzucht 14
Fehlverhalten bestrafen 44
Fleischwurst 78
Frei bei fuß 41
Freiraum geben 134 f.
Fressen von Gegenständen 112
Früherziehung 32 ff.
Fuchs 77
Fuchsjagd 127 f.
Fütterung 20, 58, 108 ff.
**G**ehorsam 32 ff.
Gehorsamsausbildung 24 f.
Geschlecht 15 f.
Geschlechtsreife 67
Gesundheit 104 ff.
Gewitter 121
GPS-Ortungsgeräte 126 f.
Gras fressen 111
Griff ins Nackenfell 21 f., 25
**H**alsung 34, 64
Handscheue 33
Hannoverscher Schweißhund 13
Hasenrein 62
Hasenspur 83 f.
Heim bewachen 117 f.
Hereinkommen 41 ff.
Hindernisse, waagerechte 36
Hochsitz 132 f.
Hühner 44
Hund beschäftigen 129
Hundeerziehung 30 ff.
Hundeführer wechseln 67
Hundegesundheit 104 ff.
Hundepension 135 f.
Hundepfeife 44 f.
Hunderasse 10 f.
Hundeschule 74 f.
Hundeverhalten studieren 66
Hündin 15 f.
**J**agdgebrauchshunde 10
Jagdgebrauchshundeverband (JGHV) 136
Jagdhunderasse 10 f.
Jagdliche Ausbildung 60 ff.
Jagdterrier, Deutscher 11
**K**astration 107 f.
Kettenhalsung 64
Knochen abnehmen 58
Kommando „Gib laut“ 96 f.
Kommando „Platz“ 45 ff.

Kommando „Sitz“ 37
Kommando „Sitz“ und „Bleib“ 38
Kommandos 32 f.
Kommandos aus Entfernung 54 f.
Konsequenz 55 f.
Kontakt zu anderen Tieren 26 f.
Kontakt zu Artgenossen 26 f.
Kontakt zu Menschen 26 f.
Kopfhund 16, 59
Körperhaltung 47
Körpersprache des Hundes 66
Kotfressen 111
Kranker Hund 82
Kunstbau 127
Kunstfährte 62 f., 68
**L**aut geben 96 f.
Leberwurst 78
Leckerli 78
Leerschleppe 81
Leine 33
Leinenführigkeit 34 ff., 64
Leinenführigkeit im Wald 35 f.
Leinenhalterung 131
Losung 20
**M**agendrehung 108
Mannschärfe 12
Maßregelung 44
Mausefalle 135
Medikamente geben 112 f.
**N**achfolger 135
Nachsuche 129
Nasenleistung 79
Nasenleistung beurteilen 83
Naturbau 128
Naturbaue vergrämen 128
**P**endeln zwischen Stück und Hundeführer 100
Pfeife 44 f.
Platz aus Entfernung 55
Prägung 14, 26 f.
Probleme 104 ff.
Prüfungsvorbereitung 79 f.
**Q**uersuche 86 f.
**R**aubwildschärfe 11
Reizhalsbänder 116 f.
Rettungshunde 12
Riemenarbeit 100
Rückzugsort 24
Rüde 15 f.
Rudel, Eingliederung 22 ff.
Rudelordnung 23 ff.
**S**augatter 101 f.
Scheinmutterschaft 107
Schleppengelände wechseln 80
Schleppwild 79 f.
Schleppwild tragen 80
Schlittenfahren 113
Schnappen 25
Schnee fressen 111
Schulterwurf zum „Platz“ 49
Schussempfindlichkeit 16
Schussgewöhnung 120
Schusshitze 123
Schussscheue 16, 119 ff.
Schwarzwildgatter 101 f.
Schweiß aufbereiten/verdünnen 66 f.
Schweißarbeit 62 f.
Schweißhund 13
Schweißhund, Bayerischer 13
Schweißhund, Hannoverscher 13
Schweißleine 64
Schwimmen 68 ff.
Silvester 121
Sitz auf Entfernung 54, 88 f.
Soziale Entwicklung 26 ff.
Sozialisierung 74
Sozialisierungsphase 14
Spielen mit Welpen 29
Spielstunden 29
Stöberarbeit 11, 101 f.
Stöberhalsung 126
Stubenreinheit 20 f.
Suchjagd 86 f.
**T**errier 11
Tierartbesuch 112
Tipps 126 ff.
Totverbeller 97
Transportbox 24 f.
Trockenfutter 109
**Ü**bergewicht 110
Überqueren einer Weide 39
Umhängeleine 64
Unerwünschtes Verhalten 26
Unfallschutz 129
Unterkühlung vermeiden 96
Unterordnung 25, 29
Unterzuckerung 114
**V**erausgabung 114
Verbands-Jugend-Prüfung (VJP) 82 f.
Verhalten, unerwünschtes 26
Verhaltensauffälligkeiten 104 ff.
Verleitfährte 62 f.
Verleitungen 62 f., 68
Verweisen 98 ff.
Vorstehen 84 ff.
**W**aldschleppe 78
Wasserarbeit 68 ff., 94 ff, 119 f.
Weimaraner 11 f.
Welpe abholen 18 f.
Welpe, Transport 18 f.
Welpenfutter 20
Welpenkauf 16 f.
Welpenschutz 22
Welpenspielstunden 29, 33 f.
Wende 40
Wesenstest 119
Wiederkommen 89 f.
Wildschärfe 11
Wurfgeschwister 10
**Z**üchten 136
Züchter 13 f., 82 f.
Züchter, Auswahl 14
Zuchtschau 136
Zuerst durch die Tür 56
Zwiebeln 110
Zwinger 29, 114 ff.
Zwingerhaltung 29
Zwingerkläffen 114 ff.

## Bildnachweis

Mit 157 Farbfotos von AdobeStock (23): (vita S. 5-6; alfa27 S. 9; Michael-Krenn S. 16; Karoline Thalhofer (2) S. 18, S. 25; Fran Rodríguez S. 20; Andreas S. 30-31; fesenko S. 32; Engel73 S.33; Birgit Reiz-Hofmann S. 45; anja ciomer S. 46 o.; Homestudio S. 51; ksuksa S. 60-61; Aleksei S. 83; Great Brut Here S. 96; Nature Immortal S. 103; natali_mis S. 104-105; androsov858 S. 111 r.; CStock S. 117; Evdoha S. 118: Michael Möller S. 121: AK-DigiArt S. 129: Anna Averianova S. 139-139); Jenny Figge (4) S. 79, S. 80, S. 87 u., S. 98; Ekkehard Ophoven S. 109; Beate Siebern (121) S. 3, S.10 (alle), S. 11, S.12 (alle), S. 13, S. 15, S. 17 (alle), S. 19, S. 22, S. 23, S. 26, S. 27 (alle), S. 28 (alle), S. 29, S. 34, S. 35, S. 36 (alle), S. 37 (alle), S. 38 (alle), S. 39, S. 40 (alle), S. 41, S. 42 (alle), S. 43 (alle), S. 46 u., S. 47, S. 48 (alle), S. 49 (alle), S. 50, S. 52 (alle), S. 53, S. 54, S. 55, S. 56, S. 57 (alle), S. 58, S. 59, S. 63, S. 64, S. 65, S. 67, S. 68 (alle), S. 69, S. 70, S. 71, S. 72 (alle), S. 73 (alle), S. 74 (alle), S. 75 (alle), S. 76, S. 77 (alle), S. 78, S. 81, S. 84, S. 85 (alle), S. 87 o., S. 89, S. 90, S. 91, S. 92, S. 93 (alle), S. 94, S. 95 o., S. 97 (alle), S. 100, S. 102, S. 106, S. 108, S. 110 l., S. 111 l., S. 113 (alle), S. 114 (alle), S. 115 (alle), S. 116, S. 120, S. 122, S. 123, S. 126, S. 127, S. 128, S. 130, S. 131, S. 132 (alle), S. 133 (alle), S. 134, S. 135, S. 136, S. 137, ; Markus Lück (8) S. 4, S. 21, S. 62, S. 66, S. 95 u., S. 99, S. 110 r., S. 124-125.

## Impressum

Umschlaggestaltung von Büro Jorge Schmidt unter Verwendung von 11 Farbfotos von Beate Siebern (Cover (1), Außenklappe hinten (1), Innenklappen (8)); AdobeStock/Jonathan (U4(1)).

Mit 168 Farbfotos



Gedruckt auf chlorfrei gebleichtem Papier


ISBN 978-3-440-18030-3
Projektleitung und Redaktion: Markus Lück
Gestaltungskonzept: Peter Schmidt Group GmbH, Hamburg
Gestaltung und Satz: typopoint GbR, Ostfildern
Produktion: Vanessa Frömmig
Druck und Bindung: Westermann Druck Zwickau GmbH
Printed in Germany / Imprimé en Allemagne

FSC
www.fsc.org
MIX
Papier | Fördert gute Waldnutzung
FSC® C110508